수학 좀 한다면

**디딤돌 연산은 수학이다 6A**

**펴낸날** [초판 1쇄] 2024년 5월 3일
**펴낸이** 이기열
**펴낸곳** (주)디딤돌 교육
**주소** (03972) 서울특별시 마포구 월드컵북로 122 청원선와이즈타워
**대표전화** 02-3142-9000
**구입문의** 02-322-8451
**내용문의** 02-323-9166
**팩시밀리** 02-338-3231
**홈페이지** www.didimdol.co.kr
**등록번호** 제10-718호
구입한 후에는 철회되지 않으며 잘못 인쇄된 책은 바꾸어 드립니다.

# 1 손으로 푸는 100문제보다 머리로 푸는 10문제가 수학 실력이 된다.

계산 방법만 익히는 연산은 '계산력'은 기를 수 있어도 '수학 실력'으로 이어지지 못합니다.
계산에 원리와 방법이 있는 것처럼 계산에는 저마다의 성질이 있고 계산과 계산 사이의 관계가 있습니다.
또한 아이들은 계산을 활용해 볼 수 있어야 하고 계산을 통해 수 감각을 기를 수 있어야 합니다.
이렇듯 계산의 단면이 아닌 입체적인 계산 훈련이 가능하도록 하나의 연산을 다양한 각도에서
생각해 볼 수 있는 문제들을 수학적 설계 근거를 바탕으로 구성하였습니다.

## 지금까지의 연산

기존의 연산학습 방식은 가로셈, 세로셈의 반복학습 중심이었기 때문에 계산력을 기르기에 지나지 않았습니다. 연산학습이 수학 실력으로 이어지려면 가로셈, 세로셈을 포함한 **전후 단계의 체계적인 문제들로 학습**해야 합니다.

**기존 연산책의 학습 범위**

- 1일차 세로셈
- 2일차 가로셈

## 디딤돌 연산

**수학적 의미에 따른 연산의 분류**

❶ 연산의 원리
❷ 연산의 성질
❸ 연산의 활용
❹ 연산의 감각

수학적 의미에 따라 연산을 크게 4가지로 분류하여 문항을 설계하였습니다. 입체적인 문제 구성으로 계산 훈련만으로도 수학의 개념과 법칙을 이해할 수 있습니다.

- 곱셈의 원리 ×01 수를 갈라서 계산하기
- 곱셈의 원리 ×02 자리별로 계산하기
- 곱셈의 원리 ×03 세로셈
- 곱셈의 원리 ×04 가로셈
- 곱셈의 성질 ×05 묶어서 곱하기
- 곱셈의 감각 ×09 크기 어림하기

# 사칙연산이 아니라 수학이 담긴 연산을 해야 초·중·고 수학이 잡힌다.

수학은 초등, 중등, 고등까지 하나로 연결되어 있는 과목이기 때문에 초등에서의 개념 형성이
중고등 학습에도 영향을 주게 됩니다.
초등에서 배우는 개념은 가볍게 여기기 쉽지만 중고등 과정에서의 중요한 개념과 연결되므로
그것의 수학적 의미를 짚어줄 수 있는 연산 학습이 반드시 필요합니다.
또한 중고등 과정에서 배우는 수학의 법칙들을 초등 눈높이에서부터 경험하게 하여
전체 수학 학습의 중심을 잡아줄 수 있어야 합니다.

## 초등: 자리별로 계산하기

| | 백 | 십 | 일 |
|---|---|---|---|
| | | 2 | 2 |
| × | | | 5 |
| | | 1 | 0 |
| + | 1 | 0 | 0 |
| | 1 | 1 | 0 |

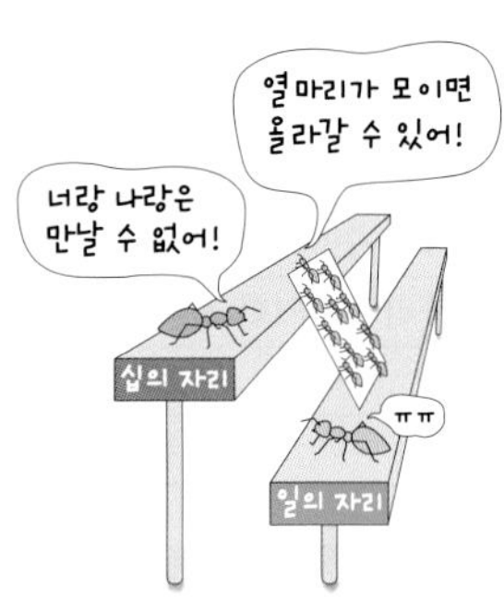


## 초등: 곱하여 더해 보기

$10 \times 2 = 20$

$3 \times 2 = 6$

$13 \times 2 = 26$

$(10+3) \times 2 = 10 \times 2 + 3 \times 2$

## 중등: 동류항끼리 계산하기

**다항식:** $2x-3y+5$

**동류항의 계산:** $2a+3b-a+2b=a+5b$

## 고등: 동류항끼리 계산하기

**복소수의 사칙계산**

실수 $a, b, c, d$에 대하여

$(a+bi)+(c+di)=(a+c)+(b+d)i$

$(a+bi)-(c+di)=(a-c)+(b-d)i$

## 중등: 분배법칙

**곱셈의 분배법칙**

$a \times (b+c)=a \times b+a \times c$

**다항식의 곱셈**

다항식 $a, b, c, d$에 대하여

$(a+b) \times (c+d)=a \times c+a \times d+b \times c+b \times d$

**다항식의 인수분해**

다항식 $m, a, b$에 대하여

$ma+mb=m(a+b)$

# 3 생각하고, 풀고, 느껴야 수학 개념이 남는다.

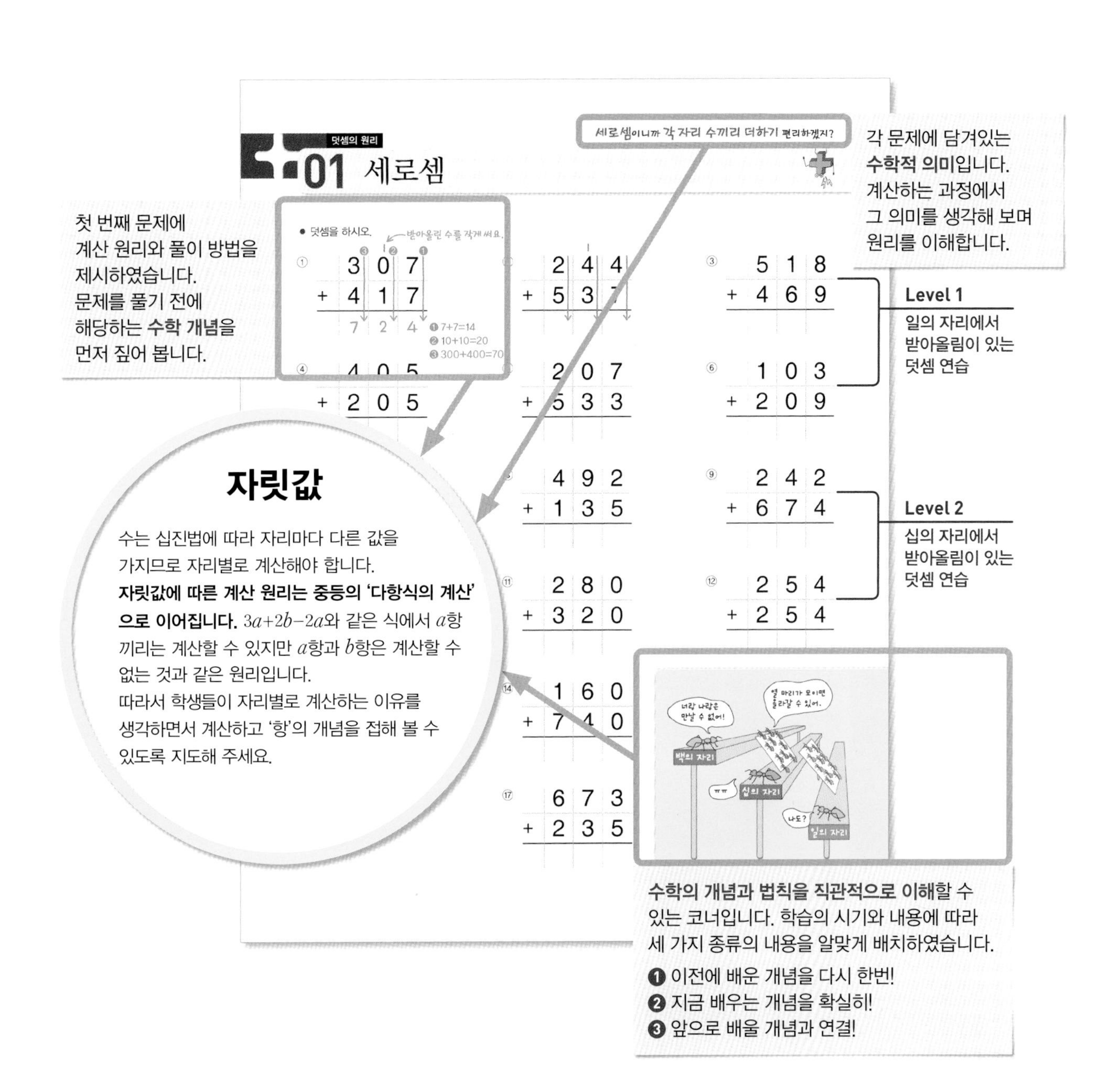

덧셈의 원리

01 세로셈

세로셈이니까 각 자리 수끼리 더하기 편리하겠지?

각 문제에 담겨있는 **수학적 의미**입니다. 계산하는 과정에서 그 의미를 생각해 보며 원리를 이해합니다.

첫 번째 문제에 계산 원리와 풀이 방법을 제시하였습니다. 문제를 풀기 전에 해당하는 **수학 개념**을 먼저 짚어 봅니다.

● 덧셈을 하시오. 받아올림 수를 작게 써요.

① 307 + 417 = 724 (❶ 7+7=14 ❷ 10+10=20 ❸ 300+400=700)

② 244 + 537

③ 518 + 469

④ 405 + 205

⑤ 207 + 533

⑥ 103 + 209

⑧ 492 + 135

⑨ 242 + 674

⑪ 280 + 320

⑫ 254 + 254

⑭ 160 + 740

⑰ 673 + 235

**Level 1**
일의 자리에서 받아올림이 있는 덧셈 연습

**Level 2**
십의 자리에서 받아올림이 있는 덧셈 연습

## 자릿값

수는 십진법에 따라 자리마다 다른 값을 가지므로 자리별로 계산해야 합니다. **자릿값에 따른 계산 원리는 중등의 '다항식의 계산'으로 이어집니다.** $3a+2b-2a$와 같은 식에서 $a$항끼리는 계산할 수 있지만 $a$항과 $b$항은 계산할 수 없는 것과 같은 원리입니다.
따라서 학생들이 자리별로 계산하는 이유를 생각하면서 계산하고 '항'의 개념을 접해 볼 수 있도록 지도해 주세요.



**수학의 개념과 법칙을 직관적으로 이해할 수 있는 코너입니다.** 학습의 시기와 내용에 따라 세 가지 종류의 내용을 알맞게 배치하였습니다.

❶ 이전에 배운 개념을 다시 한번!
❷ 지금 배우는 개념을 확실히!
❸ 앞으로 배울 개념과 연결!

# 수학적 연산 분류에 따른 전체 학습 설계

## 1학년 A

수 감각
덧셈과 뺄셈의 원리
덧셈과 뺄셈의 성질
덧셈과 뺄셈의 감각

1 수를 가르기하고 모으기하기
2 합이 9까지인 덧셈
3 한 자리 수의 뺄셈
4 덧셈과 뺄셈의 관계
5 10을 가르기하고 모으기하기
6 10의 덧셈과 뺄셈
7 연이은 덧셈, 뺄셈

## 1학년 B

덧셈과 뺄셈의 원리
덧셈과 뺄셈의 성질
덧셈과 뺄셈의 활용
덧셈과 뺄셈의 감각

1 두 수의 합이 10인 세 수의 덧셈
2 두 수의 차가 10인 세 수의 뺄셈
3 받아올림이 있는 (몇)+(몇)
4 받아내림이 있는 (십몇)−(몇)
5 (몇십)+(몇), (몇)+(몇십)
6 받아올림, 받아내림이 없는 (몇십몇)±(몇)
7 받아올림, 받아내림이 없는 (몇십몇)±(몇십몇)

## 2학년 A

덧셈과 뺄셈의 원리
덧셈과 뺄셈의 성질
덧셈과 뺄셈의 활용
덧셈과 뺄셈의 감각

1 받아올림이 있는 (몇십몇)+(몇)
2 받아올림이 한 번 있는 (몇십몇)+(몇십몇)
3 받아올림이 두 번 있는 (몇십몇)+(몇십몇)
4 받아내림이 있는 (몇십몇)−(몇)
5 받아내림이 있는 (몇십몇)−(몇십몇)
6 세 수의 계산(1)
7 세 수의 계산(2)

## 2학년 B

곱셈의 원리
곱셈의 성질
곱셈의 활용
곱셈의 감각

1 곱셈의 기초
2 2, 5단 곱셈구구
3 3, 6단 곱셈구구
4 4, 8단 곱셈구구
5 7, 9단 곱셈구구
6 곱셈구구 종합
7 곱셈구구 활용

수학을 품은 연산 6A

# 디딤돌 연산은 수학이다.

디딤돌

# 수학적 의미에 따른 연산의 분류

# 같아 보이지만 완전히 다릅니다!

## 1. 입체적 학습의 흐름

연산은 수학적 개념을 바탕으로 합니다.
따라서 단순 계산 문제를 반복하는 것이 아니라 원리를 이해하고, 계산 방법을 익히고,
수학적 법칙을 경험해 볼 수 있는 문제를 다양하게 접할 수 있어야 합니다.
연산을 다양한 각도에서 생각해 볼 수 있는 문제들로 계산력을 뛰어넘는 수학 실력을 길러 주세요.

연산

나눗셈의 원리 ▸ 계산 원리 이해
**01 그림을 보고 계산하기**

본 학습에 들어가기 전에 필요한 도움닫기 문제입니다.
이전에 배운 내용과 연계하거나 단계를 주어 계산 원리를
쉽게 이해할 수 있도록 하였습니다.

기초 연산책의 학습 범위

나눗셈의 원리 ▸ 계산 방법 이해
**02 곱셈으로 고쳐서 계산하기**

나눗셈의 원리 ▸ 계산 방법 이해
**03 (분수)÷(자연수)**

가장 기본적인 계산 문제입니다.
본 학습의 계산 원리를 익힐 수 있도록
충분히 연습합니다.

나눗셈의 원리 ▸ 계산 원리 이해
**04 여러 가지 수로 나누기**

나눗셈의 원리 ▸ 계산 원리 이해
**06 계산하지 않고 크기 비교하기**

연산의 원리, 성질들을 느끼고 활용해 보는 문제입니다.
하나의 연산 원리를 다양한 관점에서 생각해 보고
수학의 개념과 법칙을 이해합니다.

나눗셈의 원리 ▸ 계산 방법 이해
**08 모르는 수 구하기**

나눗셈의 활용 ▸ 상황에 맞는 나눗셈
**10 길 찾기**

연산의 원리를 바탕으로 수를 다양하게 조작해 보고
추론하여 해결하는 문제입니다. 앞서 학습한 연산의 원리,
성질들을 이용하여 사고력과 수 감각을 기릅니다.

수학

## 2. 입체적 학습의 구성

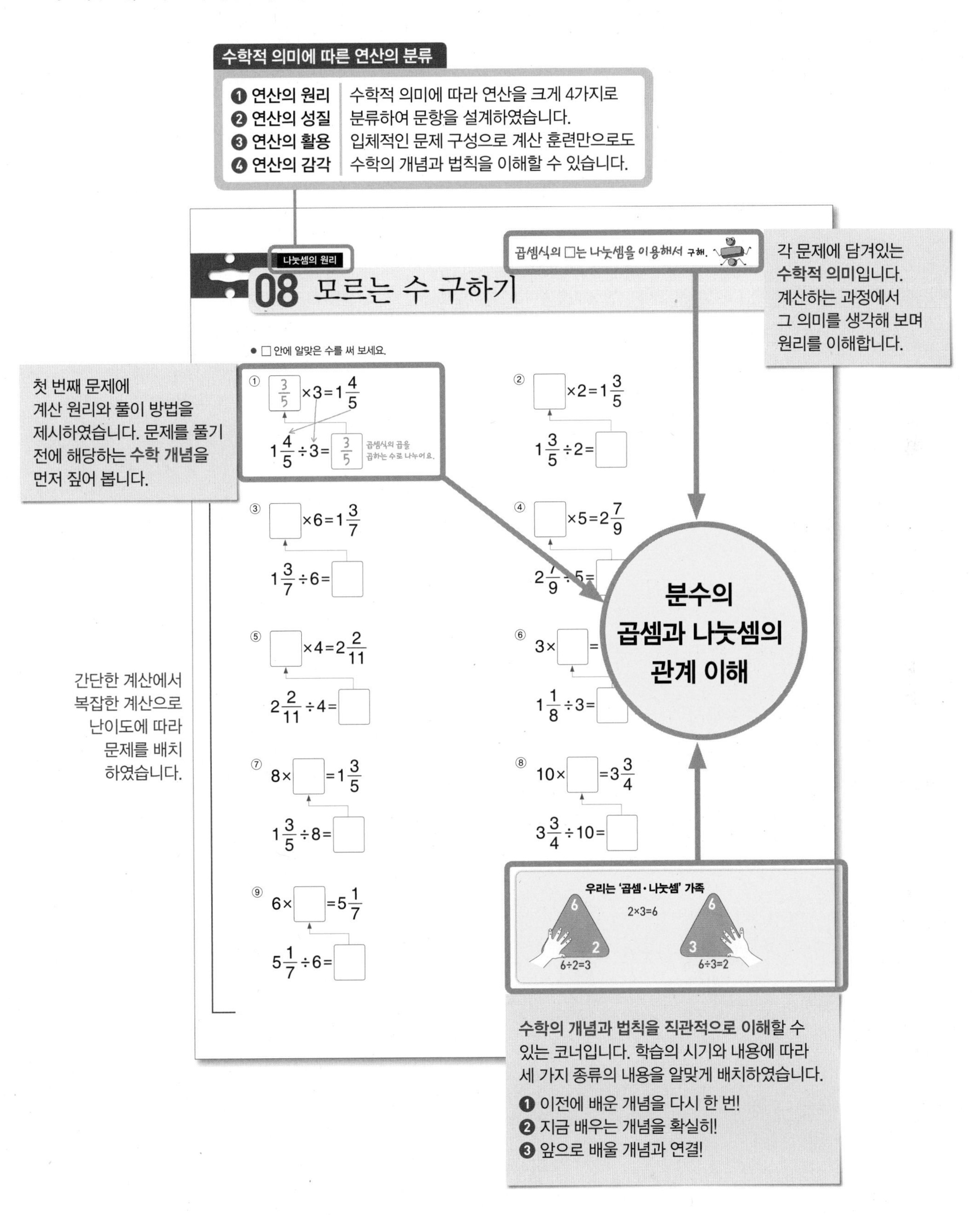

수학적 의미에 따른 연산의 분류
❶ 연산의 원리
❷ 연산의 성질
❸ 연산의 활용
❹ 연산의 감각
수학적 의미에 따라 연산을 크게 4가지로 분류하여 문항을 설계하였습니다. 입체적인 문제 구성으로 계산 훈련만으로도 수학의 개념과 법칙을 이해할 수 있습니다.
나눗셈의 원리
08 모르는 수 구하기
곱셈식의 □는 나눗셈을 이용해서 구해.
각 문제에 담겨있는 수학적 의미입니다. 계산하는 과정에서 그 의미를 생각해 보며 원리를 이해합니다.
● □ 안에 알맞은 수를 써 보세요.
첫 번째 문제에 계산 원리와 풀이 방법을 제시하였습니다. 문제를 풀기 전에 해당하는 수학 개념을 먼저 짚어 봅니다.
① $\frac{3}{5}\times3=1\frac{4}{5}$
$1\frac{4}{5}\div3=\frac{3}{5}$
곱셈식의 곱을 곱하는 수로 나누어요.
② $\square\times2=1\frac{3}{5}$
$1\frac{3}{5}\div2=\square$
③ $\square\times6=1\frac{3}{7}$
$1\frac{3}{7}\div6=\square$
④ $\square\times5=2\frac{7}{9}$
⑤ $\square\times4=2\frac{2}{11}$
$2\frac{2}{11}\div4=\square$
⑥ $3\times\square=$
$1\frac{1}{8}\div3=$
⑦ $8\times\square=1\frac{3}{5}$
$1\frac{3}{5}\div8=\square$
⑧ $10\times\square=3\frac{3}{4}$
$3\frac{3}{4}\div10=\square$
⑨ $6\times\square=5\frac{1}{7}$
$5\frac{1}{7}\div6=\square$
간단한 계산에서 복잡한 계산으로 난이도에 따라 문제를 배치하였습니다.
분수의 곱셈과 나눗셈의 관계 이해
우리는 '곱셈·나눗셈' 가족
2×3=6
6÷2=3
6÷3=2
수학의 개념과 법칙을 직관적으로 이해할 수 있는 코너입니다. 학습의 시기와 내용에 따라 세 가지 종류의 내용을 알맞게 배치하였습니다.
❶ 이전에 배운 개념을 다시 한 번!
❷ 지금 배우는 개념을 확실히!
❸ 앞으로 배울 개념과 연결!

# (자연수)÷(자연수)를 분수로 나타내기

# 몫을 분수로 나타내!

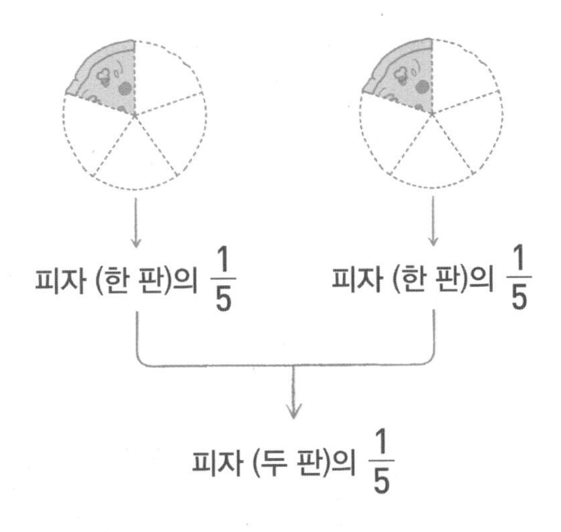


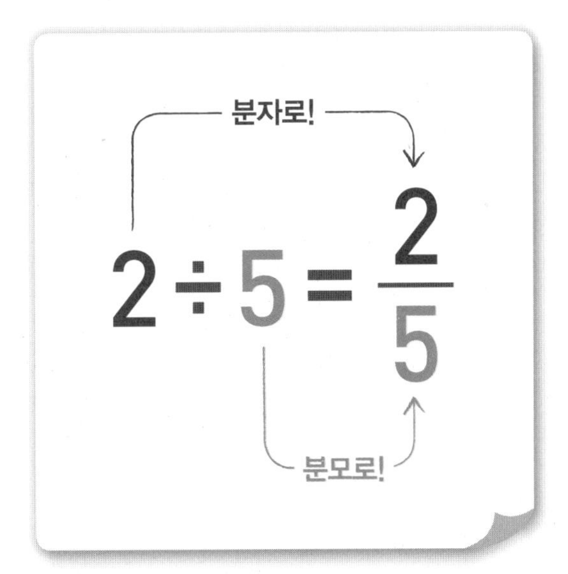

"나누어지는 수는 분자로,
나누는 수는 분모로."

몫이 가분수이면 대분수로 나타내!

$4 \div 3 = \frac{4}{3} = 1\frac{1}{3}$

나눗셈이 맞게 색칠한 부분을 분수로 나타내.

# 01 그림을 보고 계산하기

● 나눗셈의 몫을 그림을 이용하여 분수로 나타내 보세요.

① 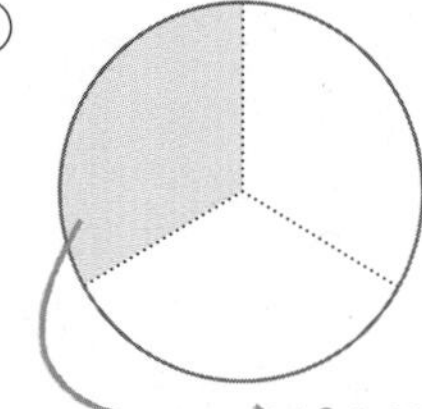 $1 \div 3 = \frac{1}{3}$

1을 3으로 똑같이 나눈 것 중의 하나는 전체의 $\frac{1}{3}$이에요.

② 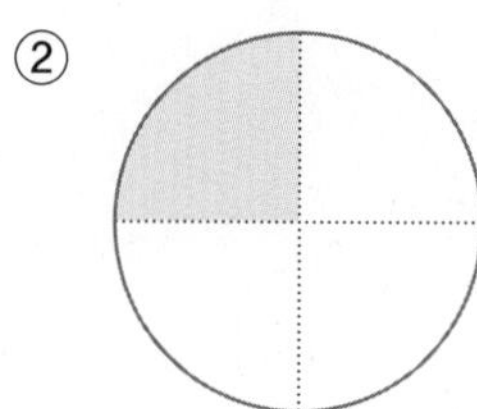 $1 \div 4 =$ ______

③ 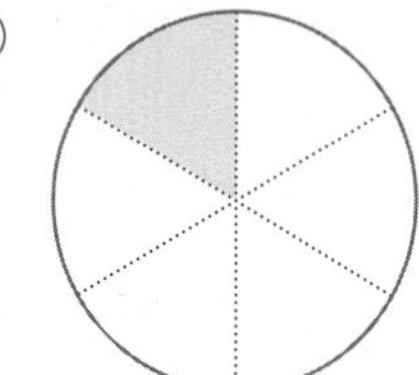 $1 \div 6 =$ ______

④ 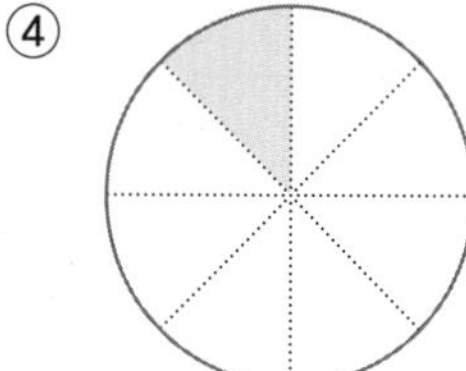 $1 \div 8 =$ ______

⑤ 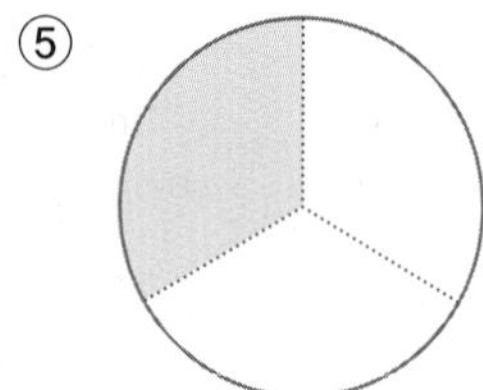

$2 \div 3 =$ ______

⑥ 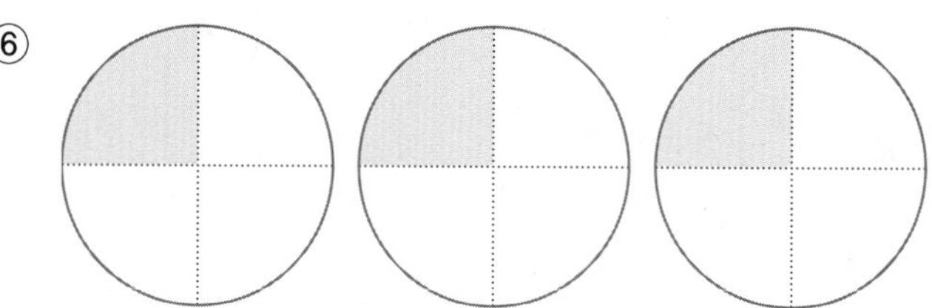

$3 \div 4 =$ ______

⑦ 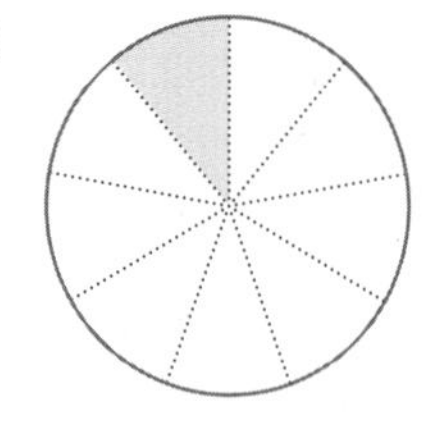 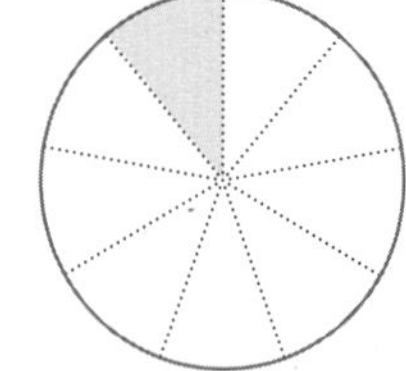 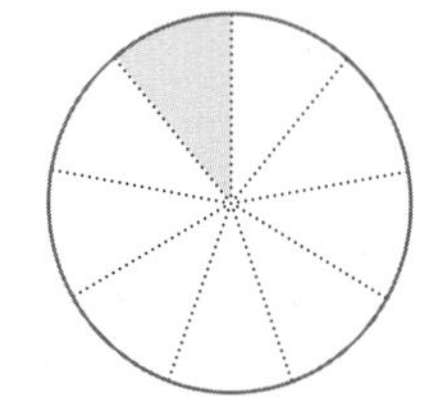 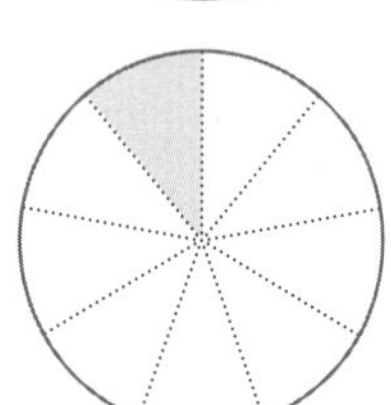

$4 \div 9 =$ ______

⑧ 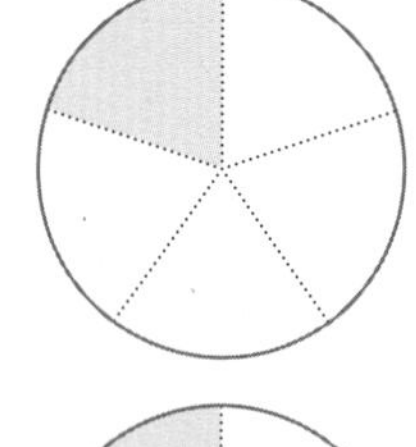 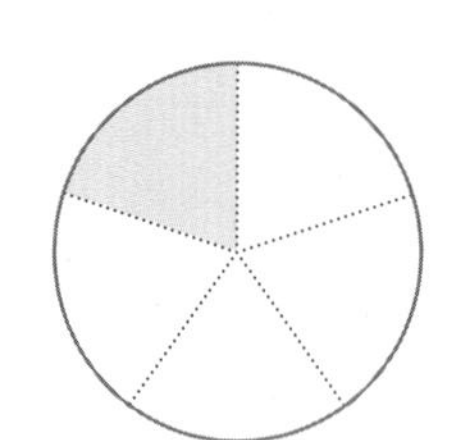 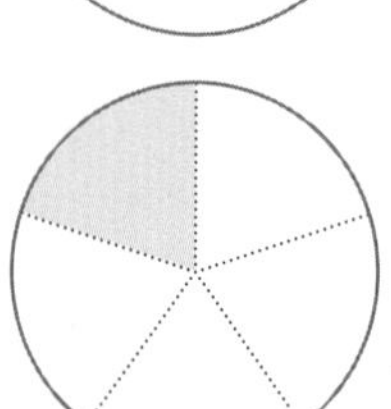 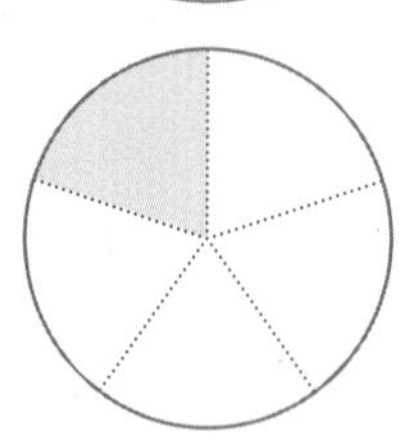

$4 \div 5 =$ ______

나눗셈의 원리

# 02 몫을 분수로 나타내기

● 나눗셈의 몫을 기약분수로 나타내 보세요.

① 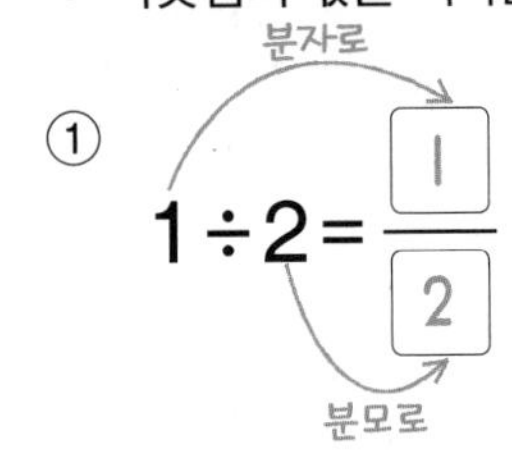


$1 \div 2 = \frac{1}{2}$

② $1 \div 5 = \frac{\square}{\square}$

③ $1 \div 7 = \frac{\square}{\square}$

④ $1 \div 9 = \frac{\square}{\square}$

⑤ $1 \div 10 = \frac{\square}{\square}$

⑥ $1 \div 12 = \frac{\square}{\square}$

⑦ $2 \div 7 = \frac{\square}{\square}$

⑧ $3 \div 5 = \frac{\square}{\square}$

⑨ $4 \div 9 = \frac{\square}{\square}$

⑩ $5 \div 6 = \frac{\square}{\square}$

⑪ $2 \div 5 = \frac{\square}{\square}$

⑫ $7 \div 10 = \frac{\square}{\square}$

⑬ $4 \div 7 = \frac{\square}{\square}$

⑭ $3 \div 8 = \frac{\square}{\square}$

⑮ $5 \div 12 = \frac{\square}{\square}$

⑯ $2 \div 11 = \frac{\square}{\square}$

⑰ $2 \div 8 = \frac{2}{8} = \frac{1}{4}$

기약분수로 나타내요.

기약분수: 분모와 분자의 공약수가 1뿐인 분수

⑱ $5 \div 15 = \frac{\square}{\square}$

⑲ $6 \div 9 = \frac{\square}{\square}$

⑳ $2 \div 4 = \frac{\square}{\square}$

㉑ $10 \div 15 = \frac{\square}{\square}$

㉒ $3 \div 6 = \frac{\square}{\square}$

㉓ $6 \div 8 = \frac{\square}{\square}$

㉔ $3 \div 9 = \frac{\square}{\square}$

㉕ $15 \div 21 = \frac{\square}{\square}$

㉖ $4 \div 8 = \frac{\square}{\square}$

㉗ $11 \div 33 = \frac{\square}{\square}$

㉘ $5 \div 20 = \frac{\square}{\square}$

㉙ $4 \div 6 = \frac{\square}{\square}$

㉚ $7 \div 14 = \frac{\square}{\square}$

㉛ $9 \div 12 = \frac{\square}{\square}$

㉜ $6 \div 20 = \frac{\square}{\square}$

# 03 나눗셈의 몫이 가분수이면 대분수로 나타내기

● 나눗셈의 몫을 대분수로 나타내 보세요.

① $3 \div 2 = \frac{3}{2} = 1\frac{1}{2}$

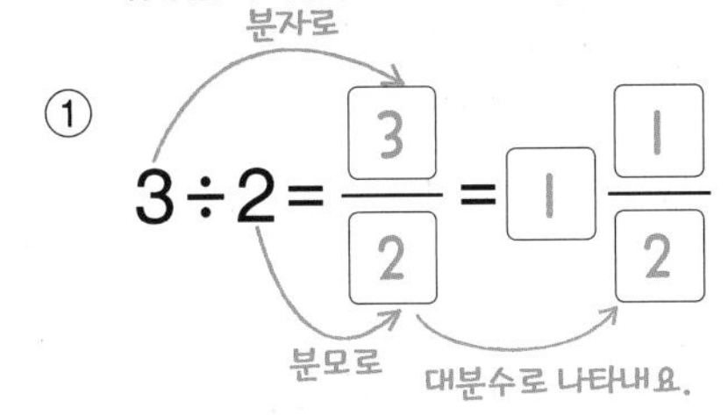


② $5 \div 3 = \frac{\square}{\square} = \square\frac{\square}{\square}$

③ $7 \div 4 = \frac{\square}{\square} = \square\frac{\square}{\square}$

④ $6 \div 5 = \frac{\square}{\square} = \square\frac{\square}{\square}$

⑤ $8 \div 7 = \frac{\square}{\square} = \square\frac{\square}{\square}$

⑥ $9 \div 2 = \frac{\square}{\square} = \square\frac{\square}{\square}$

⑦ $5 \div 4 = \frac{\square}{\square} = \square\frac{\square}{\square}$

⑧ $7 \div 3 = \frac{\square}{\square} = \square\frac{\square}{\square}$

⑨ $7 \div 2 = \frac{\square}{\square} = \square\frac{\square}{\square}$

⑩ $10 \div 9 = \frac{\square}{\square} = \square\frac{\square}{\square}$

⑪ $9 \div 5 = \frac{\square}{\square} = \square\frac{\square}{\square}$

⑫ $11 \div 6 = \frac{\square}{\square} = \square\frac{\square}{\square}$

⑬ $9 \div 8 = \frac{\square}{\square} = \square\frac{\square}{\square}$

⑭ $10 \div 3 = \frac{\square}{\square} = \square\frac{\square}{\square}$

⑮ $15 \div 2 = \frac{\square}{\square} = \square\frac{\square}{\square}$

⑯ $7 \div 5 = \frac{\square}{\square} = \square\frac{\square}{\square}$

⑰ $8 \div 6 = \frac{4}{3} = 1\frac{1}{3}$

$\frac{8}{6} = \frac{4}{3}$ └기약분수 → 대분수로 나타내요.

⑱ $6 \div 4 = \frac{\square}{\square} = \square\frac{\square}{\square}$

⑲ $16 \div 6 = \frac{\square}{\square} = \square\frac{\square}{\square}$

⑳ $15 \div 6 = \frac{\square}{\square} = \square\frac{\square}{\square}$

㉑ $10 \div 8 = \frac{\square}{\square} = \square\frac{\square}{\square}$

㉒ $16 \div 10 = \frac{\square}{\square} = \square\frac{\square}{\square}$

㉓ $27 \div 21 = \frac{\square}{\square} = \square\frac{\square}{\square}$

㉔ $22 \div 6 = \frac{\square}{\square} = \square\frac{\square}{\square}$

㉕ $18 \div 8 = \frac{\square}{\square} = \square\frac{\square}{\square}$

㉖ $26 \div 10 = \frac{\square}{\square} = \square\frac{\square}{\square}$

㉗ $10 \div 4 = \frac{\square}{\square} = \square\frac{\square}{\square}$

㉘ $9 \div 6 = \frac{\square}{\square} = \square\frac{\square}{\square}$

㉙ $28 \div 6 = \frac{\square}{\square} = \square\frac{\square}{\square}$

㉚ $20 \div 8 = \frac{\square}{\square} = \square\frac{\square}{\square}$

㉛ $12 \div 9 = \frac{\square}{\square} = \square\frac{\square}{\square}$

㉜ $18 \div 4 = \frac{\square}{\square} = \square\frac{\square}{\square}$

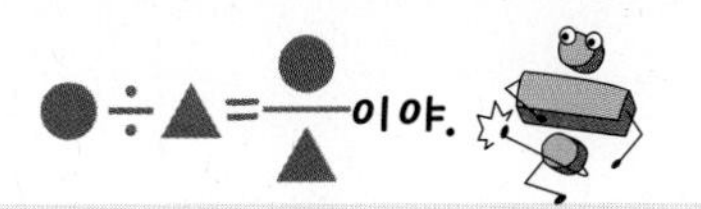




# 04 (자연수)÷(자연수)

● 나눗셈의 몫을 기약분수로 나타내 보세요.

① $3\div4=\frac{3}{4}$ 나누어지는 수는 분자로, 나누는 수는 분모로 해요.

② $1\div3=$

③ $1\div6=$

④ $2\div7=$

⑤ $3\div5=$

⑥ $5\div8=$

⑦ $6\div9=\frac{6}{9}=\frac{2}{3}$ 약분이 되면 기약분수로 나타내요.

⑧ $1\div5=$

⑨ $7\div8=$

⑩ $2\div3=$

⑪ $1\div9=$

⑫ $3\div11=$

⑬ $9\div10=$

⑭ $1\div8=$

⑮ $6\div10=$

⑯ $3\div17=$

⑰ $1 \div 2 =$

⑱ $3 \div 5 =$

⑲ $4 \div 7 =$

⑳ $5 \div 12 =$

㉑ $6 \div 18 =$

㉒ $4 \div 8 =$

㉓ $8 \div 11 =$

㉔ $10 \div 13 =$

㉕ $4 \div 6 =$

㉖ $2 \div 9 =$

㉗ $6 \div 15 =$

㉘ $3 \div 8 =$

㉙ $2 \div 8 =$

㉚ $10 \div 12 =$

㉛ $9 \div 15 =$

㉜ $10 \div 15 =$

㉝ 나누어지는 수를 분자로

$6 \div 5 = \frac{6}{5} = 1\frac{1}{5}$

나누는 수는 분모로 / 가분수는 대분수로 나타낼 수 있어요.

㉞ $5 \div 2 =$

㉟ $4 \div 3 =$

㊱ $11 \div 10 =$

㊲ $7 \div 4 =$

㊳ $10 \div 7 =$

㊴ $9 \div 2 =$

㊵ $8 \div 3 =$

㊶ $9 \div 5 =$

㊷ $13 \div 9 =$

㊸ $6 \div 4 =$

㊹ $8 \div 6 =$

㊺ $5 \div 3 =$

㊻ $17 \div 10 =$

㊼ $10 \div 8 =$

㊽ $12 \div 9 =$

나누는 자연수의 크기에 따라 몫이 어떻게 달라지는지 살펴봐.

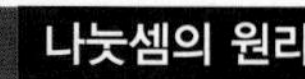


# 05 여러 가지 수로 나누기

● 나눗셈의 몫을 기약분수로 나타내 보세요.

① $2 \div 3 = \frac{2}{3}$

$2 \div 5 = \frac{2}{5}$

$2 \div 7 = \frac{2}{7}$

나누는 수가 커지면 몫은 작아져요.

② $7 \div 8 =$

$7 \div 9 =$

$7 \div 10 =$

③ $6 \div 7 =$

$6 \div 8 =$

$6 \div 9 =$

④ $3 \div 4 =$

$3 \div 6 =$

$3 \div 8 =$

⑤ $4 \div 3 =$

$4 \div 5 =$

$4 \div 7 =$

⑥ $11 \div 2 =$

$11 \div 5 =$

$11 \div 8 =$

⑦ $9 \div 5 =$

$9 \div 6 =$

$9 \div 7 =$

⑧ $5 \div 2 =$

$5 \div 4 =$

$5 \div 6 =$

⑨ $8 \div 6 =$

$8 \div 10 =$

$8 \div 14 =$

⑩ $5 \div 8 =$

$5 \div 7 =$

$5 \div 6 =$

나누는 수가 작아지면 몫은 어떻게 될까요?

⑪ $8 \div 13 =$

$8 \div 11 =$

$8 \div 9 =$

⑫ $2 \div 8 =$

$2 \div 6 =$

$2 \div 4 =$

⑬ $3 \div 12 =$

$3 \div 9 =$

$3 \div 6 =$

⑭ $4 \div 13 =$

$4 \div 11 =$

$4 \div 9 =$

⑮ $6 \div 15 =$

$6 \div 10 =$

$6 \div 5 =$

⑯ $7 \div 4 =$

$7 \div 3 =$

$7 \div 2 =$

⑰ $9 \div 12 =$

$9 \div 8 =$

$9 \div 4 =$

⑱ $12 \div 9 =$

$12 \div 8 =$

$12 \div 7 =$

더 간단히 계산할 수 있는 수를 골라 볼까?

# 06 내가 만드는 나눗셈식

● ▭에서 수를 골라 식을 만들고 나눗셈을 해 보세요. (단, 답은 여러 가지가 될 수 있습니다.)

① 2 4

$3\div$ 예 $4 = \frac{3}{4}$

몫이 진분수가 되는 나를 골랐어요.

$7\div$ 예 $2 =$ ____

② 4 6

$5\div$ ____ $=$ ____

$9\div$ ____ $=$ ____

③ 6 10

$3\div$ ____ $=$ ____

$9\div$ ____ $=$ ____

④ 3 8

$4\div$ ____ $=$ ____

$10\div$ ____ $=$ ____

⑤ 5 9

$6\div$ ____ $=$ ____

$8\div$ ____ $=$ ____

⑥ 7 12

$8\div$ ____ $=$ ____

$15\div$ ____ $=$ ____

# 07 길 찾기

● 몫을 찾아 선으로 이어 보세요.

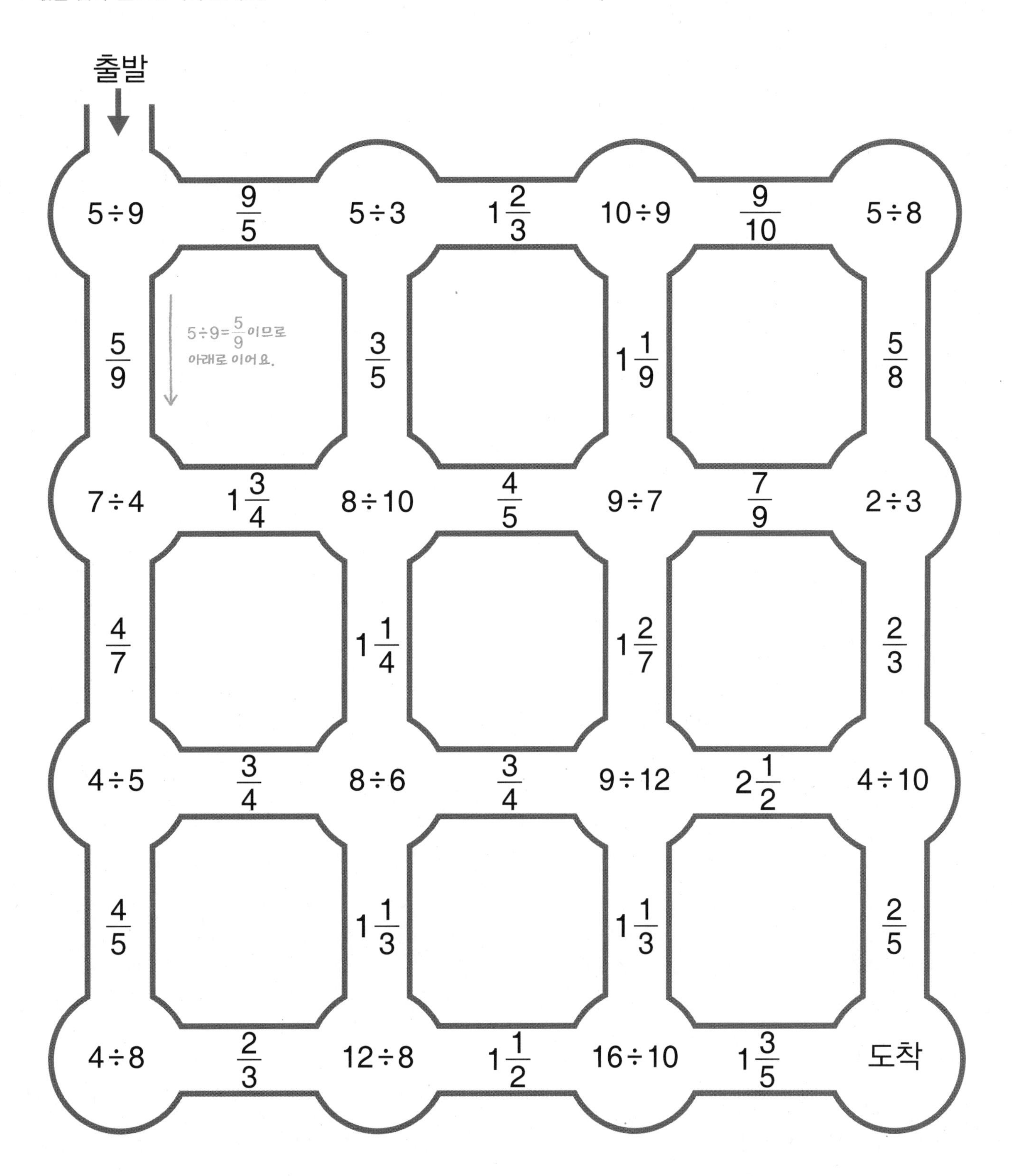

# ÷2 (분수)÷(자연수)

## 나눗셈을 곱셈으로 고쳐서 계산해! 왜냐면,

$$\frac{3}{4} \div 2$$
$$= \frac{3}{4} \times \frac{1}{2}$$
$$= \frac{3 \times 1}{4 \times 2}$$
$$= \frac{3}{8}$$

❶

$\div 2$와 $\times \frac{1}{2}$은 모두 똑같이 2로 나눈 것을 뜻하니까.

피자 (한 판)÷2

피자 (한 판)의 $\frac{1}{2}$

❷

나누는 수를 1로 만들면 곱셈식이 되니까.

$$\frac{3}{4} \div 2$$
(양쪽에 $\times \frac{1}{2}$)
$$= \left(\frac{3}{4} \times \frac{1}{2}\right) \div \left(2 \times \frac{1}{2}\right)$$
$$= \frac{3}{4} \times \frac{1}{2} \div 1$$
$$= \frac{3}{4} \times \frac{1}{2}$$

"나누어지는 수와 나누는 수에 같은 수를 곱하면 몫은 달라지지 않아."

$6 \div 3 = 2$
($\times 2$, $\times 2$)
$12 \div 6 = 2$

가분수는 진분수와 똑같이 계산하고
약분이 되면 계산 중간에 약분해.

$$\frac{8}{5} \div 4 = \frac{\overset{2}{\cancel{8}}}{5} \times \frac{1}{\underset{1}{\cancel{4}}} = \frac{2}{5}$$

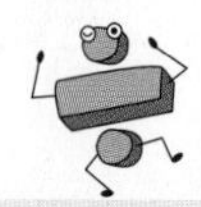

똑같게 나누어 보고 전체의 얼마인지 생각해 봐.

# 01 그림을 보고 계산하기

● 색칠한 부분을 나누어 나눗셈의 몫을 구해 보세요.

①

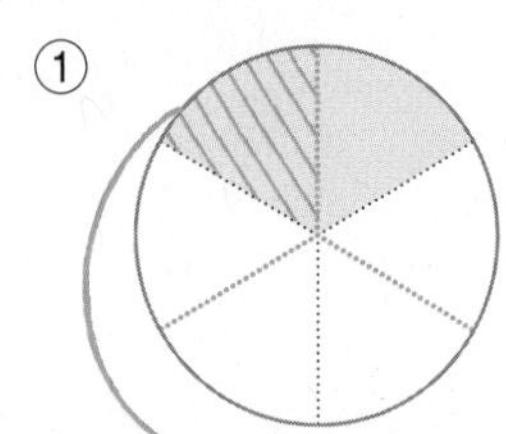

$\frac{1}{3} \div 2 =$ $\frac{1}{6}$

$\frac{1}{3} = \frac{2}{6}$를 2로 똑같이 나눈 것 중의 하나는 전체의 $\frac{1}{6}$이에요.

②

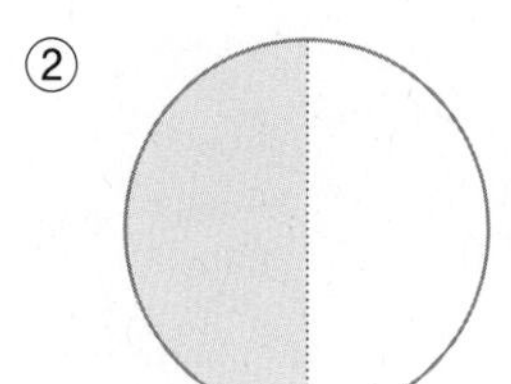

$\frac{1}{2} \div 2 =$ ______

③

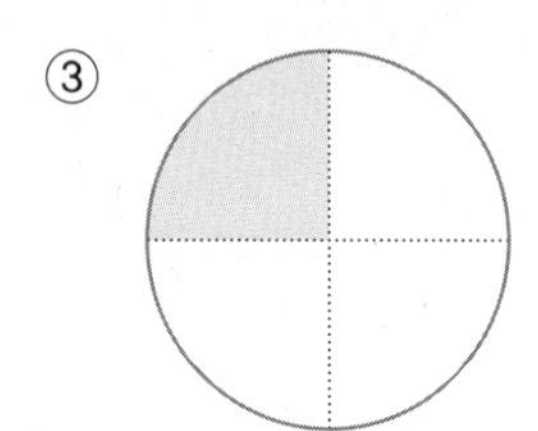

$\frac{1}{4} \div 2 =$ ______

④

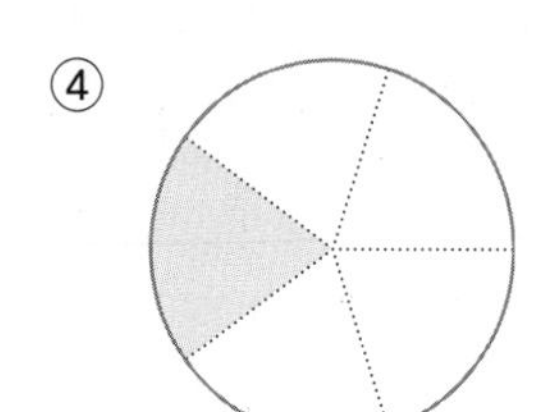

$\frac{1}{5} \div 2 =$ ______

⑤

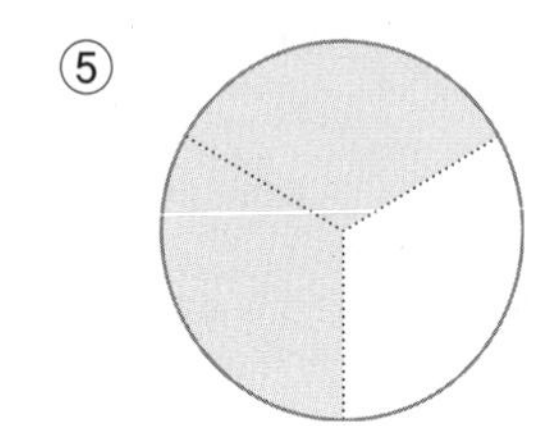

$\frac{2}{3} \div 2 =$ ______

⑥

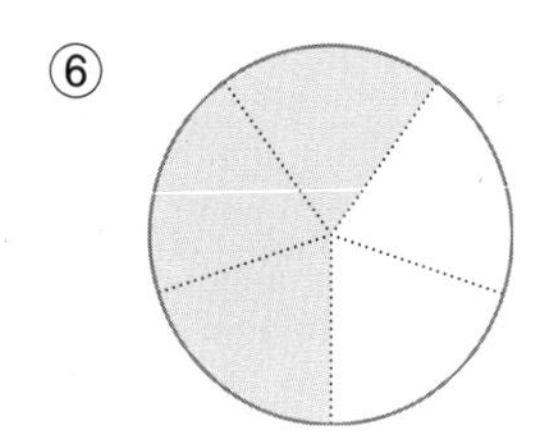

$\frac{3}{5} \div 3 =$ ______

⑦

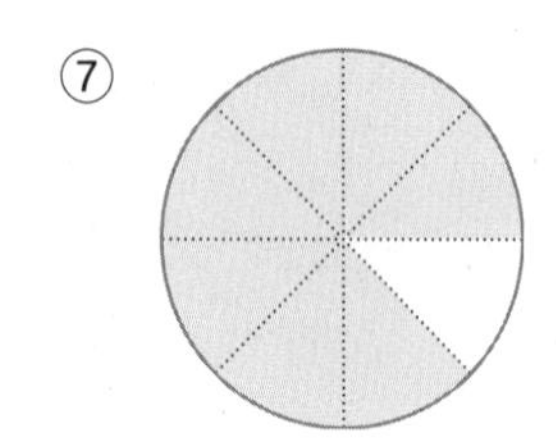

$\frac{7}{8} \div 7 =$ ______

⑧

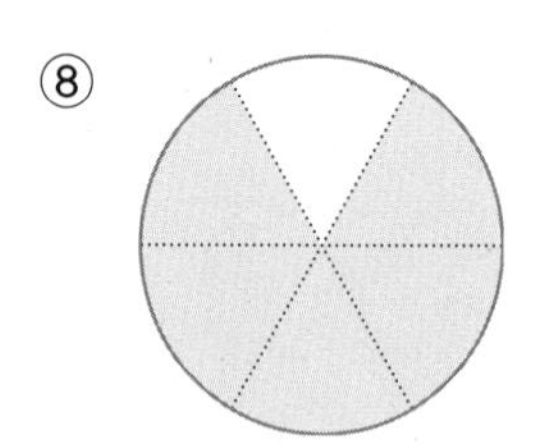

$\frac{5}{6} \div 5 =$ ______

⑨

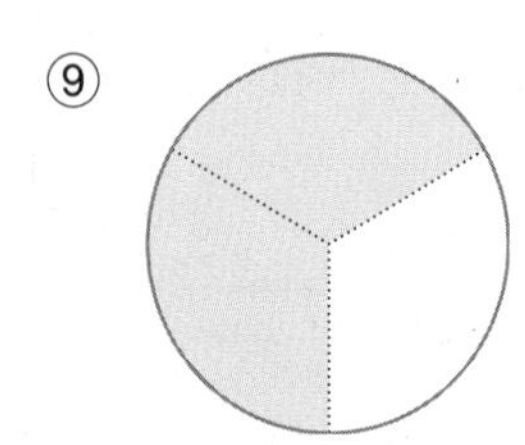

$\frac{2}{3} \div 4 =$ ______

⑩

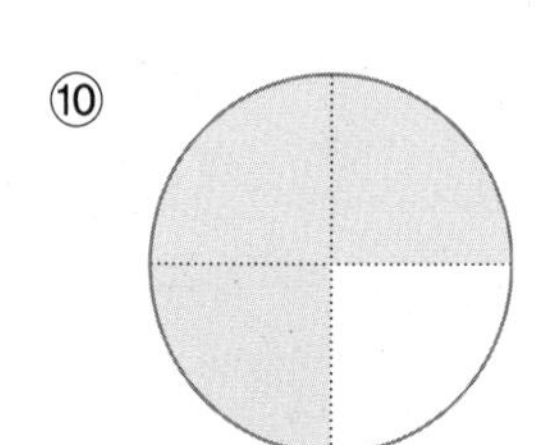

$\frac{3}{4} \div 6 =$ ______

분수는 '나눈다'는 뜻을 가진 수야.

# 02 곱셈으로 고쳐서 계산하기

● □ 안에 알맞은 수를 쓰고 나눗셈의 몫을 기약분수로 나타내 보세요.

① $\frac{1}{2} \div 3 = \frac{1}{2} \times \frac{1}{3} = \frac{1}{6}$

÷3은 '3으로 나눈 것 중의 하나'와 같아요.

② $\frac{2}{5} \div 7 = \frac{2}{5} \times \frac{1}{\square} =$ _____

③ $\frac{3}{13} \div 2 = \frac{3}{13} \times \frac{1}{\square} =$ _____

④ $\frac{3}{5} \div 8 = \frac{3}{5} \times \frac{1}{\square} =$ _____

⑤ $\frac{2}{3} \div 5 = \frac{2}{3} \times \frac{1}{\square} =$ _____

⑥ $\frac{3}{4} \div 2 = \frac{3}{4} \times \frac{1}{\square} =$ _____

⑦ $\frac{5}{6} \div 4 = \frac{5}{6} \times \frac{1}{\square} =$ _____

⑧ $\frac{4}{7} \div 3 = \frac{4}{7} \times \frac{1}{\square} =$ _____

⑨ $\frac{7}{8} \div 6 = \frac{7}{8} \times \frac{1}{\square} =$ _____

⑩ $\frac{9}{10} \div 2 = \frac{9}{10} \times \frac{1}{\square} =$ _____

⑪ $\frac{7}{9} \div 11 = \frac{7}{9} \times \frac{1}{\square} =$ _____

⑫ $\frac{11}{14} \div 7 = \frac{11}{14} \times \frac{1}{\square} =$ _____

⑬ $\frac{2}{15} \div 5 = \frac{2}{15} \times \frac{1}{\square} =$ _____

⑭ $\frac{14}{25} \div 5 = \frac{14}{25} \times \frac{1}{\square} =$ _____

계산 과정에서 약분해요.

⑮ $\frac{2}{3} \div 6 = \frac{\cancel{2}^{1}}{3} \times \frac{1}{\cancel{6}_{3}} =$ ______

⑯ $\frac{3}{4} \div 6 = \frac{3}{4} \times \frac{1}{\square} =$ ______

⑰ $\frac{3}{8} \div 9 = \frac{3}{8} \times \frac{1}{\square} =$ ______

⑱ $\frac{3}{4} \div 3 = \frac{3}{4} \times \frac{1}{\square} =$ ______

⑲ $\frac{4}{5} \div 4 = \frac{4}{5} \times \frac{1}{\square} =$ ______

⑳ $\frac{6}{7} \div 9 = \frac{6}{7} \times \frac{1}{\square} =$ ______

㉑ $\frac{4}{5} \div 2 = \frac{4}{5} \times \frac{1}{\square} =$ ______

㉒ $\frac{8}{9} \div 6 = \frac{8}{9} \times \frac{1}{\square} =$ ______

㉓ $\frac{9}{10} \div 3 = \frac{9}{10} \times \frac{1}{\square} =$ ______

㉔ $\frac{5}{8} \div 10 = \frac{5}{8} \times \frac{1}{\square} =$ ______

㉕ $\frac{12}{13} \div 8 = \frac{12}{13} \times \frac{1}{\square} =$ ______

㉖ $\frac{6}{11} \div 15 = \frac{6}{11} \times \frac{1}{\square} =$ ______

㉗ $\frac{16}{25} \div 4 = \frac{16}{25} \times \frac{1}{\square} =$ ______

㉘ $\frac{15}{16} \div 20 = \frac{15}{16} \times \frac{1}{\square} =$ ______

나눗셈의 원리

# 03 (분수)÷(자연수)

● 나눗셈의 몫을 기약분수로 나타내 보세요.

① $\frac{2}{3} \div 3 = \frac{2}{3} \times \frac{1}{3} = \frac{2}{9}$

나눗셈을 곱셈으로 고쳐요.

② $\frac{5}{6} \div 2 =$

③ $\frac{7}{10} \div 4 =$

④ $\frac{4}{7} \div 2 =$

⑤ $\frac{7}{8} \div 7 =$

⑥ $\frac{10}{11} \div 5 =$

⑦ $\frac{14}{15} \div 7 =$

⑧ $\frac{6}{13} \div 2 =$

⑨ $\frac{5}{6} \div 3 =$

⑩ $\frac{15}{19} \div 5 =$

⑪ $\frac{4}{5} \div 6 =$

⑫ $\frac{2}{9} \div 8 =$

⑬ $\frac{5}{8} \div 10 =$

⑭ $\frac{6}{7} \div 4 =$

⑮ $\frac{12}{13} \div 3 =$

⑯ $\frac{9}{10} \div 12 =$

⑰ $\frac{3}{10} \div 9 =$

⑱ $\frac{8}{27} \div 16 =$

⑲ $\frac{2}{13} \div 10 =$

⑳ $\frac{5}{8} \div 15 =$

㉑ $\frac{4}{9} \div 14 =$

㉒ $\frac{2}{5} \div 5 =$

㉓ $\frac{6}{7} \div 10 =$

㉔ $\frac{3}{8} \div 4 =$

㉕ $\frac{8}{11} \div 12 =$

㉖ $\frac{14}{15} \div 2 =$

㉗ $\frac{15}{17} \div 10 =$

㉘ $\frac{16}{21} \div 12 =$

㉙ $\frac{9}{16} \div 6 =$

㉚ $\frac{14}{15} \div 8 =$

㉛ $\frac{6}{23} \div 4 =$

㉜ $\frac{20}{27} \div 15 =$

㉝ $\frac{10}{9} \div 3 =$

㉞ $\frac{20}{17} \div 5 =$

㉟ $\frac{5}{4} \div 7 =$

㊱ $\frac{15}{4} \div 5 =$

㊲ $\frac{9}{4} \div 6 =$

㊳ $\frac{16}{13} \div 4 =$

㊴ $\frac{14}{3} \div 8 =$

㊵ $\frac{22}{15} \div 10 =$

㊶ $\frac{18}{11} \div 4 =$

㊷ $\frac{11}{6} \div 22 =$

㊸ $\frac{36}{13} \div 3 =$

㊹ $\frac{12}{7} \div 4 =$

㊺ $\frac{12}{7} \div 24 =$

㊻ $\frac{32}{29} \div 16 =$

㊼ $\frac{8}{3} \div 12 =$

㊽ $\frac{21}{17} \div 14 =$

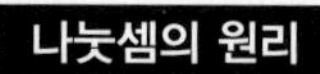


나누는 수의 크기에 따라 몫이 어떻게 달라지는지 살펴봐.

# 04 여러 가지 수로 나누기

● 나눗셈의 몫을 기약분수로 나타내 보세요.

① $\frac{1}{2}\div2=\frac{1}{2}\times\frac{1}{2}=\frac{1}{4}$

$\frac{1}{2}\div3=\frac{1}{2}\times\frac{1}{3}=\frac{1}{6}$

$\frac{1}{2}\div4=\frac{1}{2}\times\frac{1}{4}=\frac{1}{8}$

나누는 수가 커지면 몫은 작아져요.

② $\frac{2}{3}\div4=$

$\frac{2}{3}\div6=$

$\frac{2}{3}\div8=$

③ $\frac{2}{5}\div2=$

$\frac{2}{5}\div4=$

$\frac{2}{5}\div6=$

④ $\frac{8}{9}\div4=$

$\frac{8}{9}\div8=$

$\frac{8}{9}\div12=$

⑤ $\frac{6}{5}\div2=$

$\frac{6}{5}\div4=$

$\frac{6}{5}\div6=$

⑥ $\frac{5}{4}\div5=$

$\frac{5}{4}\div10=$

$\frac{5}{4}\div15=$

⑦ $\frac{6}{7}\div3=$

$\frac{6}{7}\div4=$

$\frac{6}{7}\div5=$

⑧ $\frac{12}{13}\div4=$

$\frac{12}{13}\div6=$

$\frac{12}{13}\div8=$

⑨ $\frac{3}{8}\div3=$

$\frac{3}{8}\div5=$

$\frac{3}{8}\div7=$

⑩ $\frac{1}{5} \div 5 =$

$\frac{1}{5} \div 4 =$

$\frac{1}{5} \div 3 =$

나누는 수가 작아지면 몫은 어떻게 될까요?

⑪ $\frac{2}{3} \div 7 =$

$\frac{2}{3} \div 5 =$

$\frac{2}{3} \div 3 =$

⑫ $\frac{2}{7} \div 6 =$

$\frac{2}{7} \div 4 =$

$\frac{2}{7} \div 2 =$

⑬ $\frac{3}{4} \div 9 =$

$\frac{3}{4} \div 6 =$

$\frac{3}{4} \div 3 =$

⑭ $\frac{9}{8} \div 9 =$

$\frac{9}{8} \div 6 =$

$\frac{9}{8} \div 3 =$

⑮ $\frac{8}{3} \div 5 =$

$\frac{8}{3} \div 4 =$

$\frac{8}{3} \div 3 =$

⑯ $\frac{24}{25} \div 8 =$

$\frac{24}{25} \div 6 =$

$\frac{24}{25} \div 4 =$

⑰ $\frac{4}{5} \div 8 =$

$\frac{4}{5} \div 6 =$

$\frac{4}{5} \div 4 =$

⑱ $\frac{8}{11} \div 6 =$

$\frac{8}{11} \div 5 =$

$\frac{8}{11} \div 4 =$

# 05 정해진 수로 나누기

● 나눗셈의 몫을 기약분수로 나타내 보세요.

① 5로 나누어 보세요.

$\frac{1}{4}$ $\div 5 = \frac{1}{4} \times \frac{1}{5} = \frac{1}{20}$

$\frac{1}{5}$ $\div 5 = \frac{1}{5} \times \frac{1}{5} = \frac{1}{25}$

$\frac{1}{6}$ ______

나누는 수가 같을 때 나누어지는 수가 작아지면 몫도 작아져요.

② 2로 나누어 보세요.

$\frac{3}{2}$ ______

$\frac{3}{4}$ ______

$\frac{3}{5}$ ______

③ 8로 나누어 보세요.

$\frac{8}{7}$ ______

$\frac{6}{7}$ ______

$\frac{4}{7}$ ______

④ 9로 나누어 보세요.

$\frac{1}{2}$ ______

$\frac{3}{8}$ ______

$\frac{1}{4}$ ______

⑤ 10으로 나누어 보세요.

$\frac{25}{7}$ ______

$\frac{20}{7}$ ______

$\frac{15}{7}$ ______

⑥ 2로 나누어 보세요.

$\frac{1}{9}$ ______ $\frac{1}{7}$ ______ $\frac{1}{5}$ ______

나누는 수가 같을 때 나누어지는 수가 커지면 몫은 어떻게 될까요?

⑦ 3으로 나누어 보세요.

$\frac{3}{5}$ ______ $\frac{6}{5}$ ______ $\frac{9}{5}$ ______

⑧ 4로 나누어 보세요.

$\frac{1}{4}$ ______ $\frac{1}{3}$ ______ $\frac{1}{2}$ ______

⑨ 7로 나누어 보세요.

$\frac{14}{15}$ ______ $\frac{14}{13}$ ______ $\frac{14}{11}$ ______

⑩ 15로 나누어 보세요.

$\frac{5}{13}$ ______ $\frac{10}{13}$ ______ $\frac{15}{13}$ ______

큰 수로 나눈 식이 더 작아.

# 06 계산하지 않고 크기 비교하기

● 계산하지 않고 크기를 비교하여 ○ 안에 >, =, <를 써 보세요.

① $\frac{3}{4} \div 3$ (>) $\frac{1}{4} \div 3$

나누어지는 수가 큰 쪽의 몫이 더 커요.

② $\frac{1}{5} \div 2$ ○ $\frac{4}{5} \div 2$

③ $\frac{1}{3} \div 7$ ○ $\frac{2}{3} \div 7$

④ $\frac{2}{7} \div 5$ ○ $\frac{6}{7} \div 5$

⑤ $\frac{7}{8} \div 4$ ○ $\frac{3}{8} \div 4$

⑥ $\frac{1}{4} \div 5$ ○ $\frac{3}{4} \div 5$

⑦ $\frac{5}{3} \div 3$ ○ $\frac{4}{3} \div 3$

⑧ $\frac{1}{2} \div 9$ ○ $\frac{1}{3} \div 9$

⑨ $\frac{5}{7} \div 6$ ○ $\frac{5}{7} \div 5$

나누는 수가 큰 쪽의 몫이 더 작아요.

⑩ $\frac{7}{9} \div 9$ ○ $\frac{7}{9} \div 7$

⑪ $\frac{4}{5} \div 4$ ○ $\frac{4}{5} \div 8$

⑫ $\frac{1}{6} \div 6$ ○ $\frac{1}{6} \div 2$

⑬ $\frac{8}{7} \div 11$ ○ $\frac{8}{7} \div 10$

⑭ $\frac{9}{4} \div 5$ ○ $\frac{9}{4} \div 10$

⑮ $\frac{11}{9} \div 2$ ○ $\frac{11}{9} \div 3$

⑯ $\frac{13}{5} \div 6$ ○ $\frac{13}{5} \div 7$

# 07 검산하기

나눈 수를 다시 곱하면 답이 맞았는지 확인할 수 있어.

● 빈칸에 알맞은 수를 써 보세요.

① $\frac{3}{5}\div2=$ $\frac{3}{10}$ ❶ $\frac{3}{5}\times\frac{1}{2}=\frac{3}{10}$

↓

$\frac{3}{10}$ $\times2=$ $\frac{3}{5}$

❷ $\frac{3}{10}\times2=\frac{3}{5}$

나눈 수를 다시 곱해서 처음 수가 되었으므로 바르게 계산했어요.

② $\frac{1}{2}\div9=$ ____

↓

____ $\times9=$ ____

③ $\frac{6}{7}\div4=$ ____

↓

____ $\times4=$ ____

④ $\frac{5}{9}\div15=$ ____

↓

____ $\times15=$ ____

⑤ $\frac{9}{10}\div3=$ ____

↓

____ $\times3=$ ____

⑥ $\frac{8}{13}\div6=$ ____

↓

____ $\times6=$ ____

⑦ $\frac{5}{8}\div10=$ ____

↓

____ $\times10=$ ____

나눈 수를 다시 곱하면 답이 맞았는지 확인할 수 있어.

⑧ $\frac{5}{6} \div 2 =$ ______

↓

______ $\times 2 =$ ______

⑨ $\frac{11}{13} \div 22 =$ ______

↓

______ $\times 22 =$ ______

⑩ $\frac{4}{7} \div 18 =$ ______

↓

______ $\times 18 =$ ______

⑪ $\frac{4}{9} \div 24 =$ ______

↓

______ $\times 24 =$ ______

⑫ $\frac{18}{19} \div 6 =$ ______

↓

______ $\times 6 =$ ______

⑬ $\frac{3}{8} \div 9 =$ ______

↓

______ $\times 9 =$ ______

⑭ $\frac{3}{4} \div 15 =$ ______

↓

______ $\times 15 =$ ______

⑮ $\frac{15}{17} \div 10 =$ ______

↓

______ $\times 10 =$ ______

곱셈식의 □는 나눗셈을 이용해서 구해.

# 08 모르는 수 구하기

● □ 안에 알맞은 수를 써 보세요.

① $\boxed{\frac{3}{14}} \times 2 = \frac{3}{7}$

$\frac{3}{7} \div 2 = \boxed{\frac{3}{14}}$ 곱셈식의 곱을 곱하는 수로 나누어요.

② $\square \times 4 = \frac{2}{9}$

$\frac{2}{9} \div 4 = \square$

③ $\square \times 5 = \frac{4}{5}$

$\frac{4}{5} \div 5 = \square$

④ $\square \times 9 = \frac{6}{7}$

$\frac{6}{7} \div 9 = \square$

⑤ $\square \times 4 = \frac{10}{13}$

$\frac{10}{13} \div 4 = \square$

⑥ $4 \times \square = \frac{4}{5}$

$\frac{4}{5} \div 4 = \square$ 곱셈식의 곱을 곱해지는 수로 나누어요.

⑦ $2 \times \square = \frac{3}{8}$

$\frac{3}{8} \div 2 = \square$

⑧ $6 \times \square = \frac{9}{10}$

$\frac{9}{10} \div 6 = \square$

⑨ $8 \times \square = \frac{16}{21}$

$\frac{16}{21} \div 8 = \square$

⑩ $10 \times \square = \frac{15}{16}$

$\frac{15}{16} \div 10 = \square$

전체를 몇으로 나눈 것인지 생각해 봐.

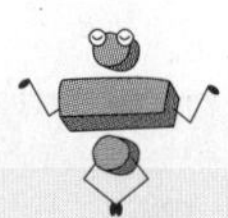

# 09 한 마디의 길이 구하기

● 한 마디의 길이는 얼마인지 식을 만들어 구해 보세요.

① ❶ 한 마디는 전체를 6으로 똑같이 나눈 것 중의 하나예요.

0 ― $\frac{2}{3}$

식 $\frac{2}{3} \div 6 = \frac{\cancel{2}^{1}}{3} \times \frac{1}{\cancel{6}_{3}} = \frac{1}{9}$

답 $\frac{1}{9}$

❷ 한 마디의 길이는 $\frac{1}{9}$이에요.

② 한 마디는 전체를 5로 똑같이 나눈 것 중의 하나예요.

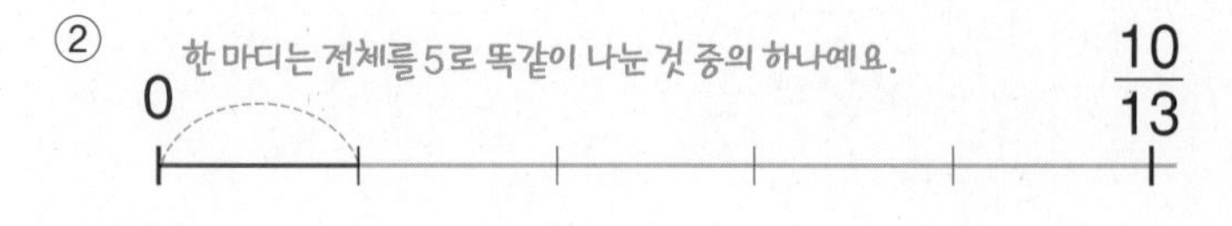

0 ― $\frac{10}{13}$

식

답

③ 0 ― $\frac{5}{8}$

식

답

④ 0 ― $\frac{6}{7}$

식

답

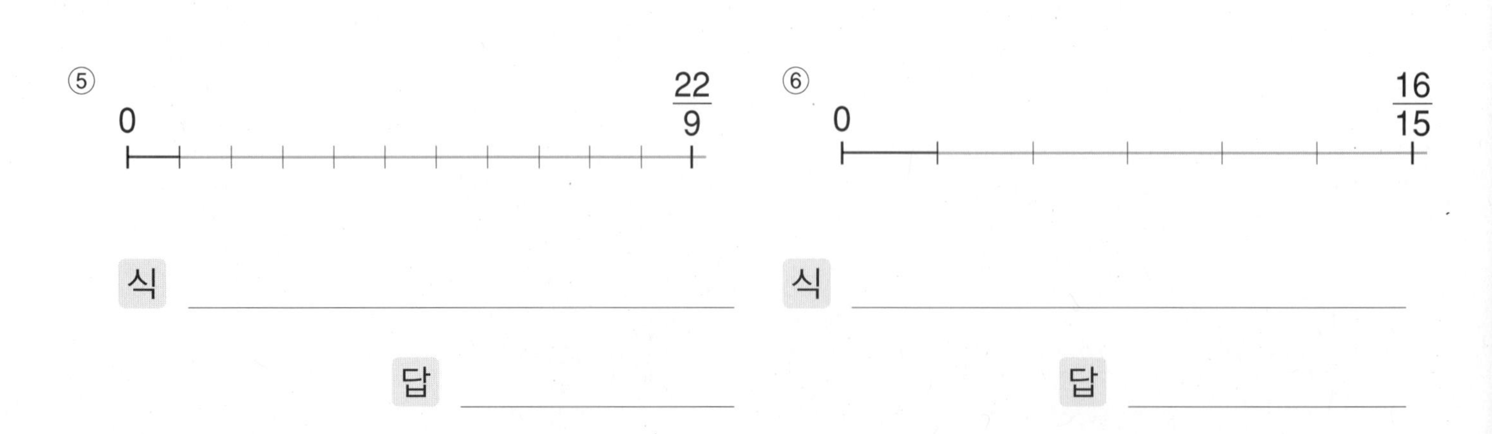

⑤ 0 ― $\frac{22}{9}$

식

답

⑥ 0 ― $\frac{16}{15}$

식

답

나눗셈의 몫이 맞는 식을 따라가 볼까?

# 10 길 찾기

● 바르게 계산한 식을 따라 선으로 이어 보세요.

출발 →

$\frac{8}{9} \div 4 = \frac{2}{9}$ $\frac{5}{8} \div 15 = \frac{1}{16}$ $\frac{3}{4} \div 6 = \frac{1}{4}$ $\frac{3}{8} \div 3 = \frac{3}{7}$

$\frac{5}{8} \div 15 = \frac{1}{24}$ 이므로 아래로 이어요.

$\frac{1}{4} \div 2 = \frac{1}{8}$ $\frac{8}{5} \div 4 = \frac{2}{5}$ $\frac{6}{7} \div 12 = \frac{1}{14}$ $\frac{4}{9} \div 2 = \frac{8}{9}$

$\frac{6}{11} \div 9 = \frac{3}{22}$ $\frac{25}{6} \div 5 = 1\frac{5}{6}$ $\frac{12}{13} \div 9 = \frac{4}{39}$ $\frac{9}{4} \div 12 = \frac{3}{8}$

$\frac{15}{17} \div 10 = \frac{5}{34}$ $\frac{2}{7} \div 3 = \frac{6}{7}$ $\frac{9}{10} \div 6 = \frac{3}{20}$ $\frac{14}{11} \div 8 = \frac{7}{44}$ → 도착

# ÷ 3 (대분수)÷(자연수)

## 대분수는 가분수로 바꿔서 계산해!

$$3\frac{1}{3} \div 5$$

"대분수를 가분수로 바꿔."

$$= \frac{10}{3} \div 5$$

"나눗셈은 곱셈으로 바꿔서 계산해."

$$= \frac{10}{3} \times \frac{1}{5}$$

"분모는 분모끼리, 분자는 분자끼리 곱해."

$$= \frac{\overset{2}{\cancel{10}} \times 1}{3 \times \underset{1}{\cancel{5}}}$$

"약분해."

$$= \frac{2}{3}$$

"(대분수)÷(자연수)에서 분자가 자연수의 배수이면 분자를 자연수로 나누어 구할 수 있어!"

$$3\frac{1}{3} \div 5 = \frac{10}{3} \div 5$$

$$= \frac{10 \div 5}{3} = \frac{2}{3}$$

똑같이 나누어 진분수나 가분수로 나타내.

# 01 그림을 보고 계산하기

● 색칠한 부분을 나누어 나눗셈의 몫을 구해 보세요.

① 

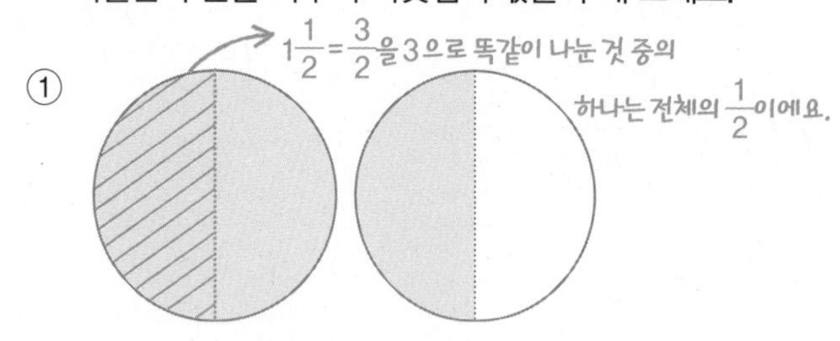


$1\frac{1}{2}\div 3=$ $\frac{1}{2}$

② 

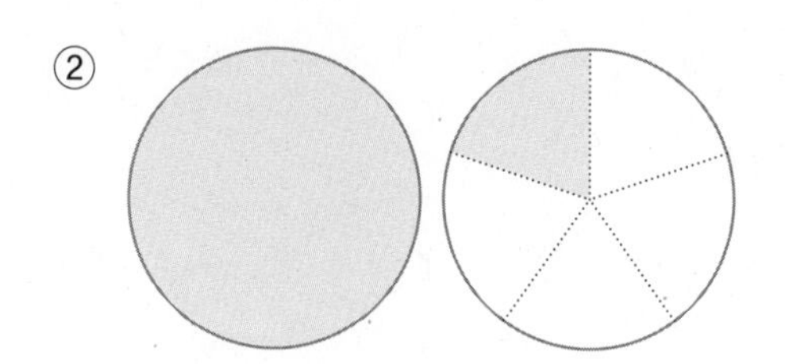

$1\frac{1}{5}\div 2=$ ______

③ 

$2\frac{2}{3}\div 4=$ ______

④ 

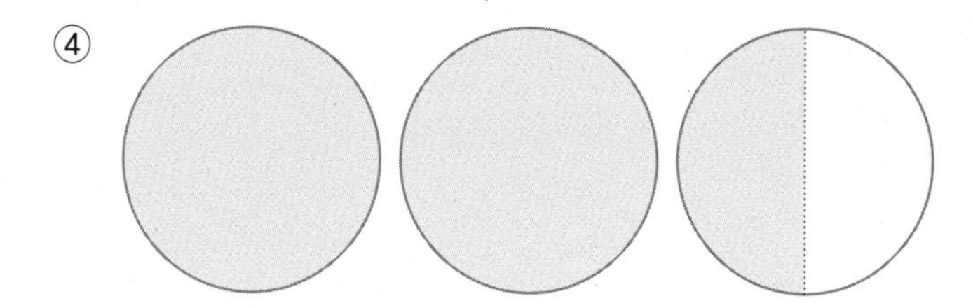

$2\frac{1}{2}\div 2=$ ______

⑤ 

$3\frac{3}{4}\div 3=$ ______

⑥ 

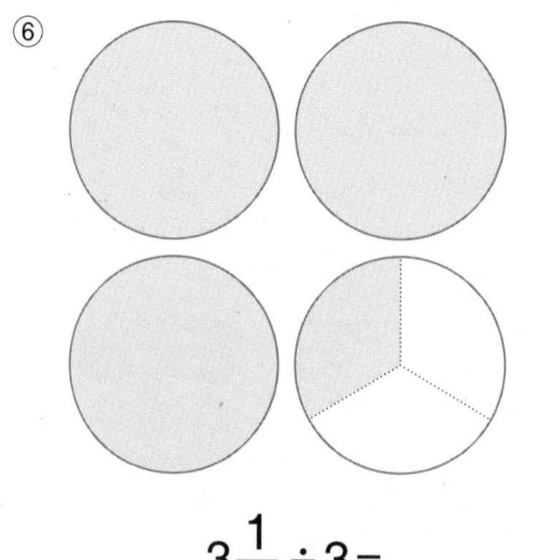

$3\frac{1}{3}\div 3=$ ______

대분수를 가분수로 고쳐 계산해.

# 02 곱셈으로 고쳐서 계산하기

● □ 안에 알맞은 수를 쓰고 나눗셈의 몫을 기약분수로 나타내 보세요.

① $1\frac{1}{3} \div 3 = \frac{4}{3} \times \frac{1}{3} = \frac{4}{9}$

나눗셈을 곱셈으로 고쳐요.

② $1\frac{5}{6} \div 2 = \frac{\square}{6} \times \frac{1}{\square} =$ ______

③ $2\frac{3}{4} \div 6 = \frac{\square}{4} \times \frac{1}{\square} =$ ______

④ $3\frac{1}{2} \div 9 = \frac{\square}{2} \times \frac{1}{\square} =$ ______

⑤ $2\frac{1}{3} \div 4 = \frac{\square}{3} \times \frac{1}{\square} =$ ______

⑥ $4\frac{1}{4} \div 10 = \frac{\square}{4} \times \frac{1}{\square} =$ ______

⑦ $2\frac{5}{7} \div 5 = \frac{\square}{7} \times \frac{1}{\square} =$ ______

⑧ $1\frac{3}{5} \div 7 = \frac{\square}{5} \times \frac{1}{\square} =$ ______

⑨ $5\frac{1}{4} \div 16 = \frac{\square}{4} \times \frac{1}{\square} =$ ______

⑩ $5\frac{1}{3} \div 7 = \frac{\square}{3} \times \frac{1}{\square} =$ ______

⑪ $4\frac{3}{5} \div 20 = \frac{\square}{5} \times \frac{1}{\square} =$ ______

⑫ $2\frac{3}{20} \div 4 = \frac{\square}{20} \times \frac{1}{\square} =$ ______

⑬ $3\frac{1}{9} \div 9 = \frac{\square}{9} \times \frac{1}{\square} =$ ______

⑭ $2\frac{3}{11} \div 6 = \frac{\square}{11} \times \frac{1}{\square} =$ ______

계산 과정에서 약분해요.

⑮ $1\frac{2}{3} \div 5 = \frac{\square}{3} \times \frac{1}{\square} =$ ______

⑯ $2\frac{2}{3} \div 4 = \frac{\square}{3} \times \frac{1}{\square} =$ ______

⑰ $1\frac{3}{5} \div 6 = \frac{\square}{5} \times \frac{1}{\square} =$ ______

⑱ $2\frac{6}{11} \div 7 = \frac{\square}{11} \times \frac{1}{\square} =$ ______

⑲ $2\frac{1}{4} \div 3 = \frac{\square}{4} \times \frac{1}{\square} =$ ______

⑳ $1\frac{3}{7} \div 4 = \frac{\square}{7} \times \frac{1}{\square} =$ ______

㉑ $4\frac{3}{8} \div 7 = \frac{\square}{8} \times \frac{1}{\square} =$ ______

㉒ $1\frac{1}{3} \div 8 = \frac{\square}{3} \times \frac{1}{\square} =$ ______

㉓ $3\frac{3}{5} \div 8 = \frac{\square}{5} \times \frac{1}{\square} =$ ______

㉔ $2\frac{2}{9} \div 5 = \frac{\square}{9} \times \frac{1}{\square} =$ ______

㉕ $4\frac{1}{6} \div 10 = \frac{\square}{6} \times \frac{1}{\square} =$ ______

㉖ $5\frac{1}{3} \div 8 = \frac{\square}{3} \times \frac{1}{\square} =$ ______

㉗ $1\frac{7}{8} \div 12 = \frac{\square}{8} \times \frac{1}{\square} =$ ______

㉘ $6\frac{3}{4} \div 9 = \frac{\square}{4} \times \frac{1}{\square} =$ ______

나눗셈을 곱셈으로 고쳐서 계산해.

# 03 (대분수)÷(자연수)

● 나눗셈의 몫을 기약분수로 나타내 보세요.

① $1\frac{1}{4} \div 2 = \frac{5}{4} \times \frac{1}{2} = \frac{5}{8}$

나눗셈을 곱셈으로 고쳐요.

② $2\frac{1}{2} \div 3 =$

③ $1\frac{1}{2} \div 4 =$

④ $1\frac{1}{7} \div 2 =$

계산 결과가 가분수일 때는 대분수로 나타낼 수도 있어요.

⑤ $2\frac{2}{3} \div 5 =$

⑥ $5\frac{1}{4} \div 3 =$

⑦ $6\frac{4}{5} \div 4 =$

⑧ $1\frac{4}{9} \div 5 =$

⑨ $1\frac{4}{5} \div 6 =$

⑩ $6\frac{3}{4} \div 6 =$

⑪ $2\frac{2}{3} \div 2 =$

⑫ $1\frac{1}{9} \div 10 =$

⑬ $2\frac{2}{5} \div 4 =$

⑭ $4\frac{1}{6} \div 10 =$

⑮ $4\frac{1}{5} \div 7 =$

⑯ $1\frac{3}{8} \div 5 =$

⑰ $1\frac{2}{7}\div6=$

⑱ $7\frac{1}{5}\div6=$

⑲ $5\frac{1}{4}\div9=$

⑳ $6\frac{2}{3}\div5=$

㉑ $4\frac{4}{5}\div8=$

㉒ $1\frac{1}{8}\div6=$

㉓ $2\frac{4}{5}\div4=$

㉔ $3\frac{1}{9}\div2=$

㉕ $3\frac{3}{10}\div9=$

㉖ $4\frac{1}{6}\div5=$

㉗ $1\frac{4}{5}\div12=$

㉘ $2\frac{1}{4}\div6=$

㉙ $8\frac{1}{3}\div4=$

㉚ $7\frac{1}{7}\div20=$

㉛ $3\frac{3}{8}\div2=$

㉜ $2\frac{2}{9}\div8=$

㉝ $2\frac{7}{10} \div 9 =$

㉞ $1\frac{11}{19} \div 15 =$

㉟ $1\frac{1}{13} \div 7 =$

㊱ $1\frac{5}{16} \div 14 =$

㊲ $3\frac{7}{11} \div 20 =$

㊳ $4\frac{1}{8} \div 11 =$

㊴ $1\frac{1}{12} \div 4 =$

㊵ $3\frac{6}{7} \div 12 =$

㊶ $3\frac{3}{5} \div 12 =$

㊷ $3\frac{1}{5} \div 24 =$

㊸ $1\frac{1}{17} \div 12 =$

㊹ $5\frac{3}{5} \div 4 =$

㊺ $3\frac{3}{11} \div 9 =$

㊻ $1\frac{11}{19} \div 12 =$

㊼ $6\frac{4}{9} \div 4 =$

㊽ $4\frac{1}{6} \div 35 =$

나누는 수의 크기에 따라 몫이 어떻게 달라지는지 살펴봐.

# 04 여러 가지 수로 나누기

● 나눗셈의 몫을 기약분수로 나타내 보세요.

① $1\frac{1}{4} \div 2 = \frac{5}{4} \times \frac{1}{2} = \frac{5}{8}$

$1\frac{1}{4} \div 3 = \frac{5}{4} \times \frac{1}{3} = \frac{5}{12}$

$1\frac{1}{4} \div 4 = \frac{5}{4} \times \frac{1}{4} = \frac{5}{16}$

나누는 수가 커지면 몫은 작아져요.

② $1\frac{1}{2} \div 2 =$

$1\frac{1}{2} \div 4 =$

$1\frac{1}{2} \div 6 =$

③ $1\frac{2}{3} \div 3 =$

$1\frac{2}{3} \div 4 =$

$1\frac{2}{3} \div 5 =$

④ $1\frac{1}{6} \div 3 =$

$1\frac{1}{6} \div 5 =$

$1\frac{1}{6} \div 7 =$

⑤ $2\frac{7}{9} \div 5 =$

$2\frac{7}{9} \div 10 =$

$2\frac{7}{9} \div 15 =$

⑥ $3\frac{1}{5} \div 4 =$

$3\frac{1}{5} \div 6 =$

$3\frac{1}{5} \div 8 =$

⑦ $2\frac{1}{7} \div 3 =$

$2\frac{1}{7} \div 4 =$

$2\frac{1}{7} \div 5 =$

⑧ $1\frac{1}{11} \div 4 =$

$1\frac{1}{11} \div 6 =$

$1\frac{1}{11} \div 8 =$

⑨ $5\frac{1}{4} \div 7 =$

$5\frac{1}{4} \div 14 =$

$5\frac{1}{4} \div 21 =$

⑩ $1\frac{1}{6} \div 4 =$

$1\frac{1}{6} \div 3 =$

$1\frac{1}{6} \div 2 =$

나누는 수가 작아지면 몫은 어떻게 될까요?

⑪ $1\frac{1}{3} \div 7 =$

$1\frac{1}{3} \div 5 =$

$1\frac{1}{3} \div 3 =$

⑫ $4\frac{1}{2} \div 12 =$

$4\frac{1}{2} \div 9 =$

$4\frac{1}{2} \div 6 =$

⑬ $2\frac{1}{2} \div 15 =$

$2\frac{1}{2} \div 10 =$

$2\frac{1}{2} \div 5 =$

⑭ $2\frac{2}{9} \div 5 =$

$2\frac{2}{9} \div 4 =$

$2\frac{2}{9} \div 3 =$

⑮ $3\frac{3}{5} \div 8 =$

$3\frac{3}{5} \div 6 =$

$3\frac{3}{5} \div 4 =$

⑯ $1\frac{1}{3} \div 8 =$

$1\frac{1}{3} \div 6 =$

$1\frac{1}{3} \div 4 =$

⑰ $2\frac{1}{10} \div 21 =$

$2\frac{1}{10} \div 14 =$

$2\frac{1}{10} \div 7 =$

⑱ $2\frac{4}{5} \div 8 =$

$2\frac{4}{5} \div 7 =$

$2\frac{4}{5} \div 6 =$

나누어지는 수의 크기에 따라 몫이 어떻게 달라지는지 살펴봐.

# 05 정해진 수로 나누기

● 나눗셈의 몫을 기약분수로 나타내 보세요.

① 2로 나누어 보세요.

$1\frac{1}{2} \div 2 = \frac{3}{2} \times \frac{1}{2} = \frac{3}{4}$　　$1\frac{1}{4} \div 2 = \frac{5}{4} \times \frac{1}{2} = \frac{5}{8}$　　$1\frac{1}{6}$

나누는 수가 같을 때 나누어지는 수가 작아지면 몫도 작아져요.

② 5로 나누어 보세요.

$2\frac{1}{4}$　　$1\frac{3}{4}$　　$1\frac{1}{4}$

③ 8로 나누어 보세요.

$1\frac{3}{7}$　　$1\frac{2}{7}$　　$1\frac{1}{7}$

④ 9로 나누어 보세요.

$1\frac{7}{8}$　　$1\frac{1}{2}$　　$1\frac{1}{8}$

⑤ 10으로 나누어 보세요.

$3\frac{2}{11}$　　$2\frac{3}{11}$　　$1\frac{4}{11}$

⑥ 2로 나누어 보세요.

$1\frac{1}{9}$ ______ $1\frac{1}{7}$ ______ $1\frac{1}{5}$ ______

나누는 수가 같을 때 나누어지는 수가 커지면 몫은 어떻게 될까요?

⑦ 3으로 나누어 보세요.

$1\frac{1}{5}$ ______ $1\frac{4}{5}$ ______ $2\frac{2}{5}$ ______

⑧ 4로 나누어 보세요.

$1\frac{1}{5}$ ______ $1\frac{1}{3}$ ______ $1\frac{1}{2}$ ______

⑨ 7로 나누어 보세요.

$1\frac{5}{16}$ ______ $1\frac{8}{13}$ ______ $2\frac{1}{10}$ ______

⑩ 15로 나누어 보세요.

$1\frac{2}{13}$ ______ $1\frac{7}{13}$ ______ $1\frac{12}{13}$ ______

큰 수로 나눈 식이 더 작아.

# 06 계산하지 않고 크기 비교하기

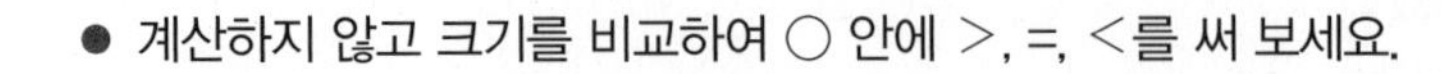

● 계산하지 않고 크기를 비교하여 ○ 안에 >, =, <를 써 보세요.

① $1\frac{1}{2} \div 4$ (<) $2\frac{1}{2} \div 4$

나누어지는 수가 큰 쪽의 몫이 더 커요.

② $1\frac{4}{5} \div 6$ ○ $1\frac{2}{5} \div 6$

③ $1\frac{1}{3} \div 7$ ○ $1\frac{2}{3} \div 7$

④ $2\frac{1}{4} \div 3$ ○ $2\frac{3}{4} \div 3$

⑤ $3\frac{7}{8} \div 2$ ○ $1\frac{7}{8} \div 2$

⑥ $1\frac{5}{7} \div 3$ ○ $5\frac{1}{7} \div 3$

⑦ $1\frac{1}{9} \div 5$ ○ $1\frac{7}{9} \div 5$

⑧ $3\frac{2}{5} \div 3$ ○ $2\frac{3}{5} \div 3$

⑨ $1\frac{1}{2} \div 7$ ○ $1\frac{1}{2} \div 3$

나누는 수가 큰 쪽의 몫이 더 작아요.

⑩ $2\frac{2}{3} \div 2$ ○ $2\frac{2}{3} \div 4$

⑪ $2\frac{1}{7} \div 6$ ○ $2\frac{1}{7} \div 5$

⑫ $1\frac{5}{9} \div 9$ ○ $1\frac{5}{9} \div 7$

⑬ $3\frac{4}{5} \div 4$ ○ $3\frac{4}{5} \div 8$

⑭ $2\frac{1}{6} \div 6$ ○ $2\frac{1}{6} \div 2$

⑮ $6\frac{2}{9} \div 11$ ○ $6\frac{2}{9} \div 10$

⑯ $3\frac{3}{4} \div 5$ ○ $3\frac{3}{4} \div 10$

# 07 검산하기

나눈 수를 다시 곱하면 답이 맞았는지 확인할 수 있어.

● 빈칸에 알맞은 수를 써 보세요.

① $1\frac{2}{3} \div 2 =$ $\frac{5}{6}$ ❶ $\frac{5}{3} \times \frac{1}{2} = \frac{5}{6}$

↓

$\frac{5}{6}$ $\times 2 =$ $1\frac{2}{3}$

❷ $\frac{5}{6} \times 2 = \frac{5}{3} = 1\frac{2}{3}$ 나눈 수를 다시 곱해서 처음 수가 되었으므로 바르게 계산했어요.

② $4\frac{1}{2} \div 9 =$ ____

↓

____ $\times 9 =$ ____

③ $1\frac{1}{7} \div 4 =$ ____

↓

____ $\times 4 =$ ____

④ $5\frac{1}{4} \div 7 =$ ____

↓

____ $\times 7 =$ ____

⑤ $1\frac{1}{5} \div 3 =$ ____

↓

____ $\times 3 =$ ____

⑥ $2\frac{4}{7} \div 6 =$ ____

↓

____ $\times 6 =$ ____

⑦ $4\frac{2}{3} \div 5 =$ ____

↓

____ $\times 5 =$ ____

⑧ $1\frac{7}{9} \div 12 =$ ____

↓

____ $\times 12 =$ ____

나눈 수를 다시 곱하면 답이 맞았는지 확인할 수 있어.

⑨ $1\frac{1}{6} \div 2 =$ ______

↓

______ $\times 2 =$ ______

⑩ $2\frac{7}{13} \div 22 =$ ______

↓

______ $\times 22 =$ ______

⑪ $1\frac{5}{7} \div 18 =$ ______

↓

______ $\times 18 =$ ______

⑫ $2\frac{2}{9} \div 8 =$ ______

↓

______ $\times 8 =$ ______

⑬ $1\frac{5}{11} \div 6 =$ ______

↓

______ $\times 6 =$ ______

⑭ $2\frac{5}{8} \div 7 =$ ______

↓

______ $\times 7 =$ ______

⑮ $3\frac{1}{3} \div 15 =$ ______

↓

______ $\times 15 =$ ______

⑯ $2\frac{2}{5} \div 4 =$ ______

↓

______ $\times 4 =$ ______

곱셈식의 □는 나눗셈을 이용해서 구해.

# 08 모르는 수 구하기

● □ 안에 알맞은 수를 써 보세요.

① $\boxed{\frac{3}{5}} \times 3 = 1\frac{4}{5}$

$1\frac{4}{5} \div 3 = \boxed{\frac{3}{5}}$

곱셈식의 곱을 곱하는 수로 나누어요.

② $\square \times 2 = 1\frac{3}{5}$

$1\frac{3}{5} \div 2 = \square$

③ $\square \times 6 = 1\frac{3}{7}$

$1\frac{3}{7} \div 6 = \square$

④ $\square \times 5 = 2\frac{7}{9}$

$2\frac{7}{9} \div 5 = \square$

⑤ $\square \times 4 = 2\frac{2}{11}$

$2\frac{2}{11} \div 4 = \square$

⑥ $3 \times \square = 1\frac{1}{8}$

$1\frac{1}{8} \div 3 = \square$

곱셈식의 곱을 곱해지는 수로 나누어요.

⑦ $8 \times \square = 1\frac{3}{5}$

$1\frac{3}{5} \div 8 = \square$

⑧ $10 \times \square = 3\frac{3}{4}$

$3\frac{3}{4} \div 10 = \square$

⑨ $6 \times \square = 5\frac{1}{7}$

$5\frac{1}{7} \div 6 = \square$

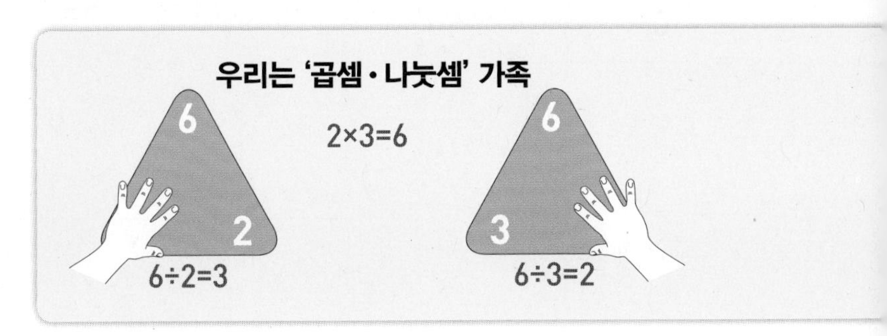

전체를 몇으로 나눈 것인지 생각해 봐.

# 09 한 마디의 길이 구하기

● 한 마디의 길이는 얼마인지 식을 만들어 구해 보세요.

① ❶ 한 마디는 전체를 3으로 똑같이 나눈 것 중의 하나예요.

0 ... $4\frac{1}{2}$

식 $4\frac{1}{2} \div 3 = \frac{\overset{3}{\cancel{9}}}{2} \times \frac{1}{\underset{1}{\cancel{3}}} = \frac{3}{2}\left(=1\frac{1}{2}\right)$

답 $\frac{3}{2}\left(=1\frac{1}{2}\right)$

❷ 한 마디의 길이는 $1\frac{1}{2}$이에요.

② 한 마디는 전체를 6으로 똑같이 나눈 것 중의 하나예요.

0 ... $3\frac{1}{3}$

식

답

③

0 ... $2\frac{7}{9}$

식

답

④

0 ... $1\frac{3}{5}$

식

답

⑤

0 ... $5\frac{1}{7}$

식

답

⑥

0 ... $1\frac{7}{8}$

식

답

# 10 길 찾기

● 몫을 찾아 선으로 이어 보세요.

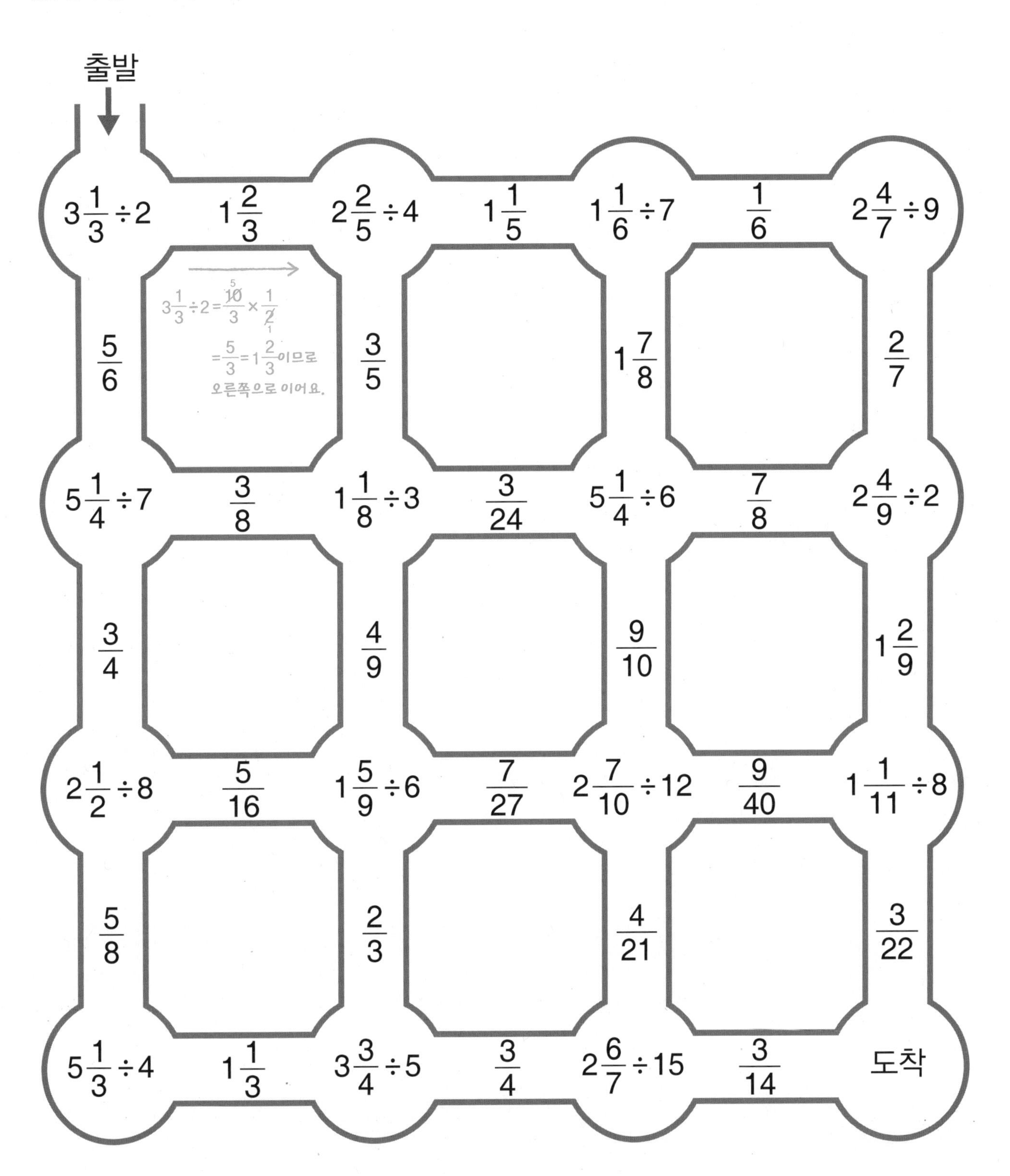

# 분수, 자연수의 곱셈과 나눗셈

## 혼합 계산은 한꺼번에 약분하여 계산해.

$$\frac{3}{4}\times 2\div 3$$

"나눗셈을 곱셈으로 바꿔."

$$=\frac{3}{4}\times 2\times \frac{1}{3}$$

"분모는 분모끼리, 분자는 분자끼리 곱해."

$$=\frac{\overset{1}{\cancel{3}}\times \overset{1}{\cancel{2}}\times 1}{\underset{2}{\cancel{4}}\times \underset{1}{\cancel{3}}}$$

"한꺼번에 약분해."

$$=\frac{1}{2}$$

"앞에서부터 두 수씩 차례로 계산하는 것보다 더 편해."

세 수의 계산은 두 수의 계산을 연달아 하는 것과 같아.

# 01 두 수씩 차례로 계산하기

● □ 안에 알맞은 수를 써 보세요.

① $\frac{2}{5} \div 4 \times 3 = \frac{3}{10}$

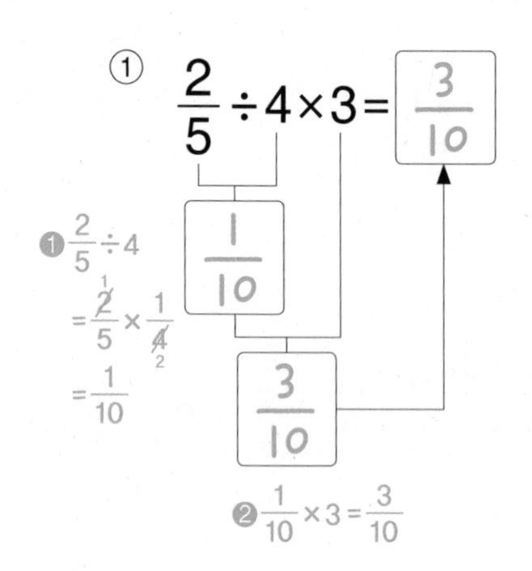


② $\frac{5}{4} \times 3 \div 5 = \square$

③ $\frac{3}{8} \div 6 \times 4 = \square$

④ $\frac{2}{3} \times 5 \div 4 = \square$

⑤ $\frac{4}{9} \div 2 \times 6 = \square$

⑥ $\frac{10}{7} \times 3 \div 8 = \square$

⑦ $\frac{1}{6} \div 2 \times 4 = \square$

⑧ $\frac{6}{7} \div 3 \div 4 = \square$

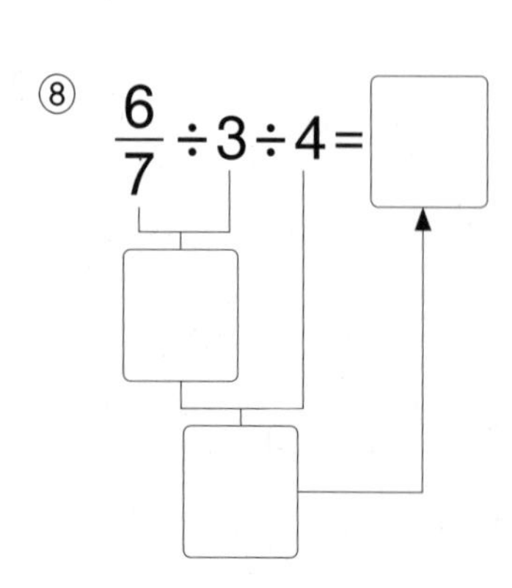

⑨ $\frac{5}{12} \times 8 \div 10 = \square$

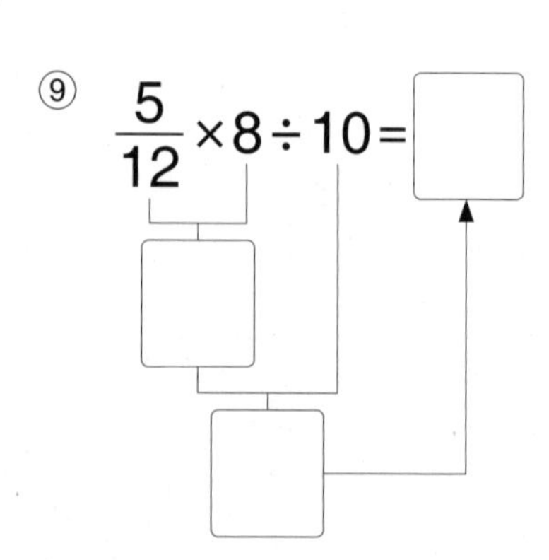

⑩ $\frac{14}{9} \div 5 \div 2 =$

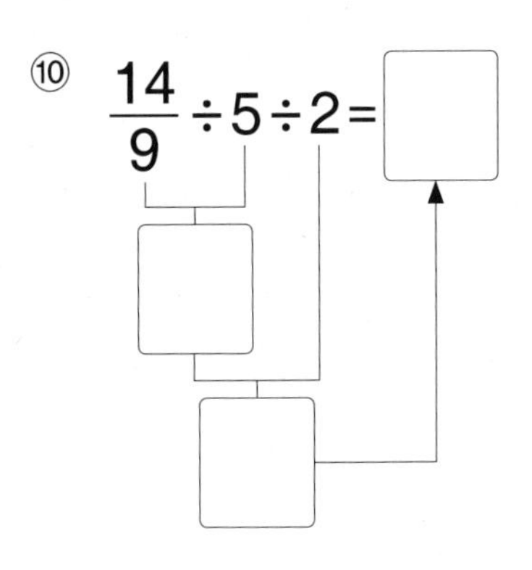

⑪ $\frac{12}{11} \div 9 \div 4 =$

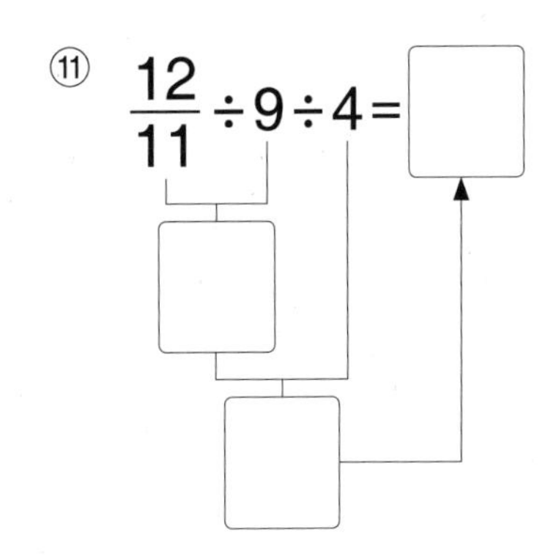

⑫ $\frac{3}{5} \times 8 \div 6 =$

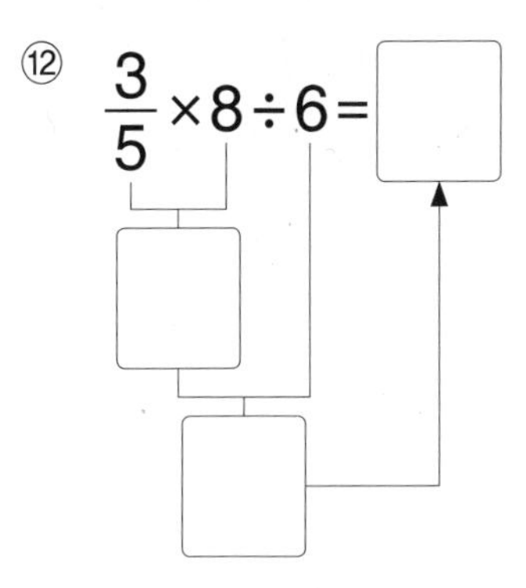

⑬ $\frac{7}{6} \times 3 \div 7 =$

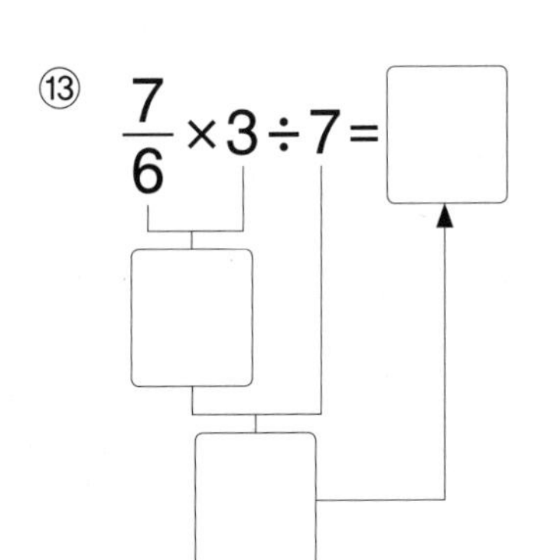

⑭ $\frac{5}{8} \times 10 \div 10 =$

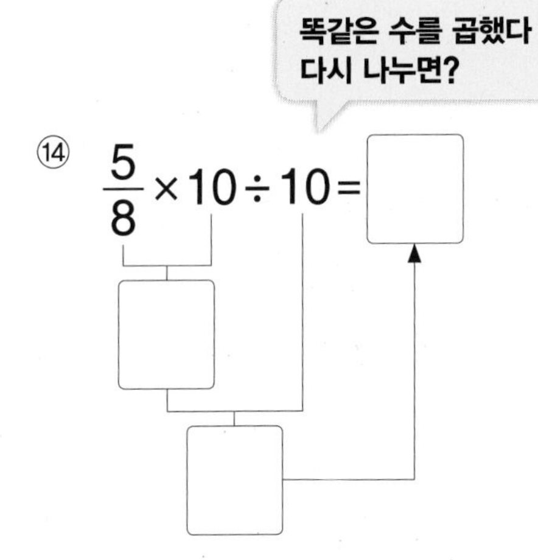


⑮ $\frac{9}{5} \div 3 \div 4 =$

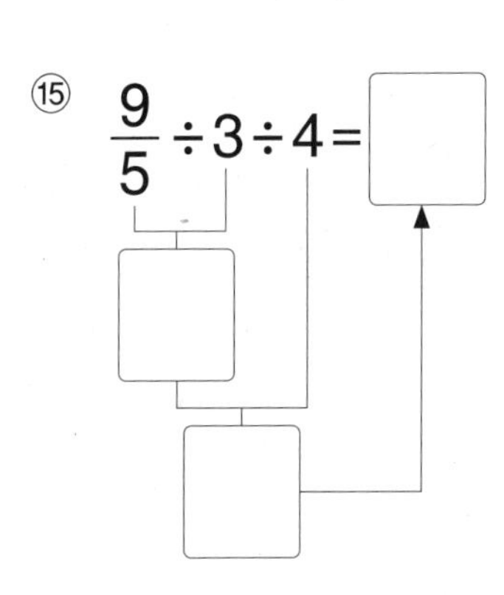

⑯ $\frac{9}{10} \div 2 \times 2 =$

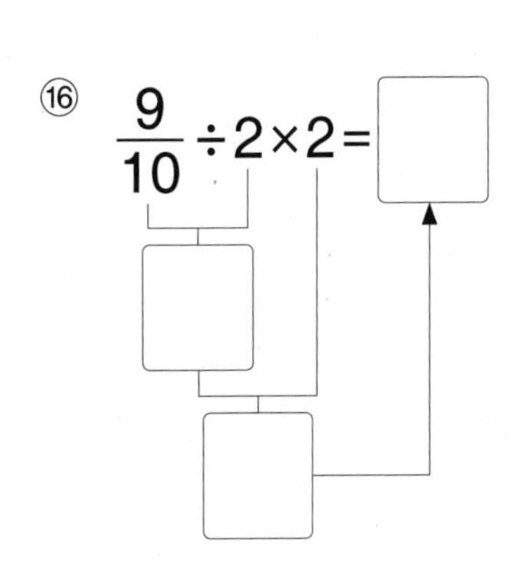

⑰ $\frac{15}{4} \div 5 \times 3 =$

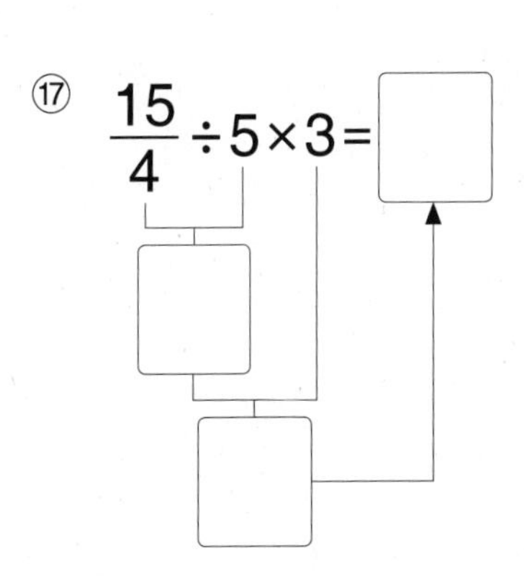

⑱ $\frac{5}{12} \div 2 \div 5 =$

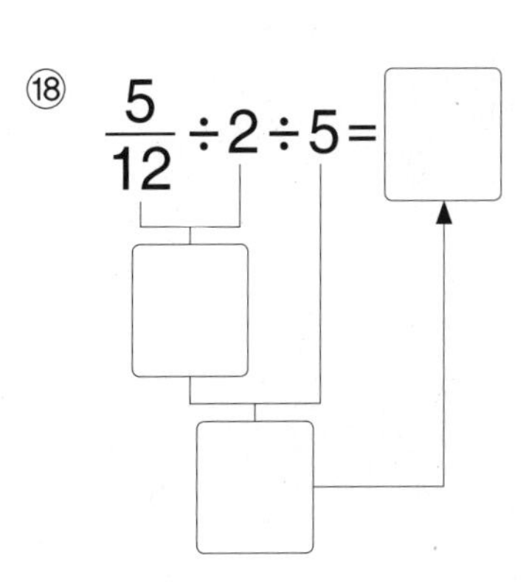

⑲ $\frac{1}{5}\times4\div5=\square$

⑳ $\frac{8}{9}\div6\times2=\square$

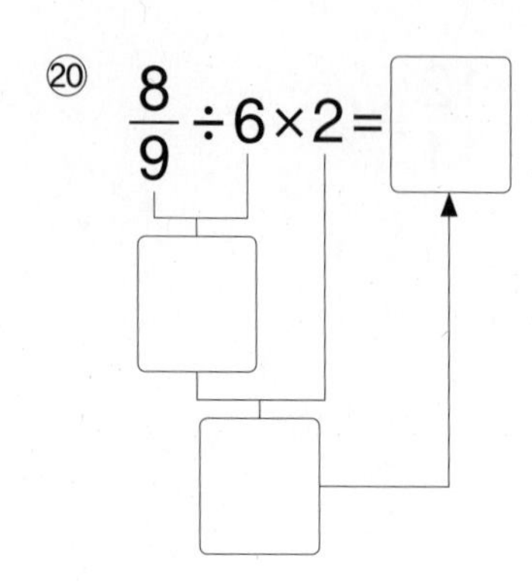

㉑ $\frac{7}{8}\div7\div2=\square$

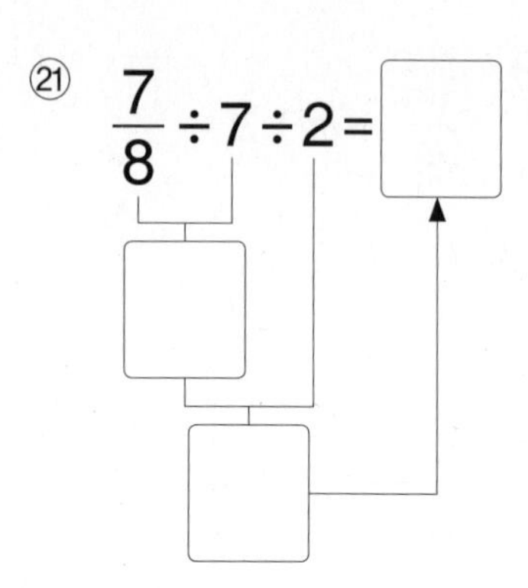

㉒ $\frac{5}{11}\div2\times8=\square$

㉓ $\frac{8}{7}\div4\div3=\square$

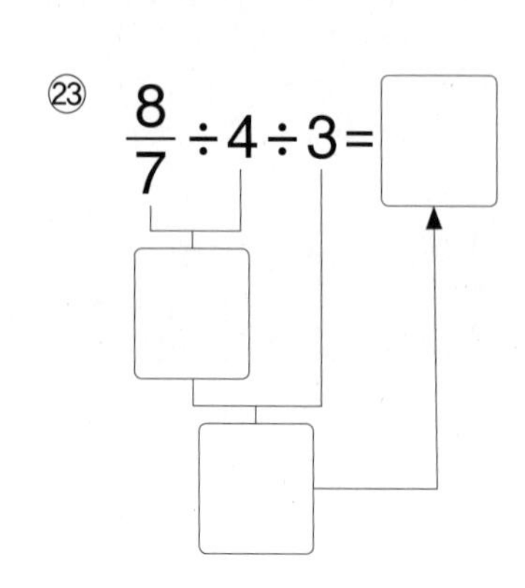

㉔ $\frac{3}{16}\times5\div12=\square$

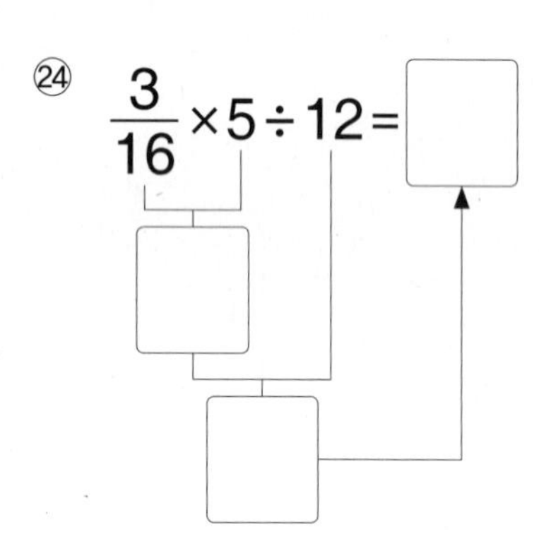

㉕ $\frac{7}{4}\div2\div4=\square$

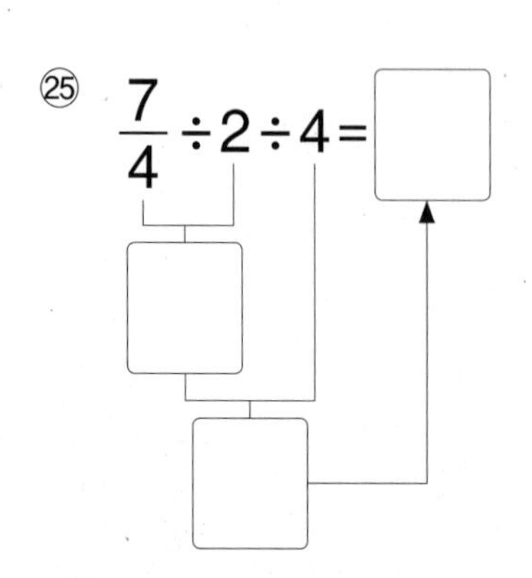

㉖ $\frac{5}{6}\div10\times7=\square$

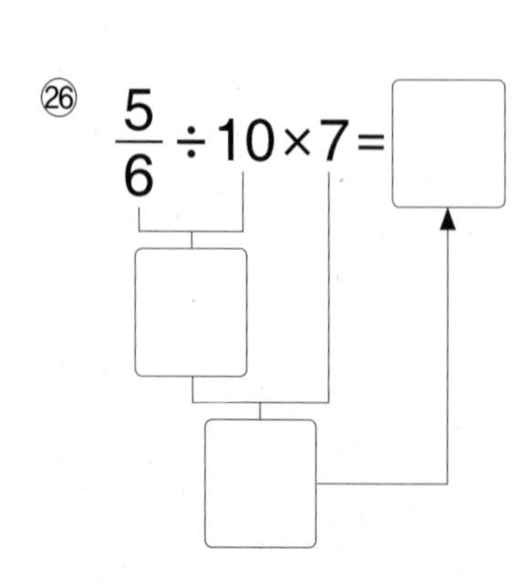

㉗ $\frac{14}{15}\div7\div4=\square$

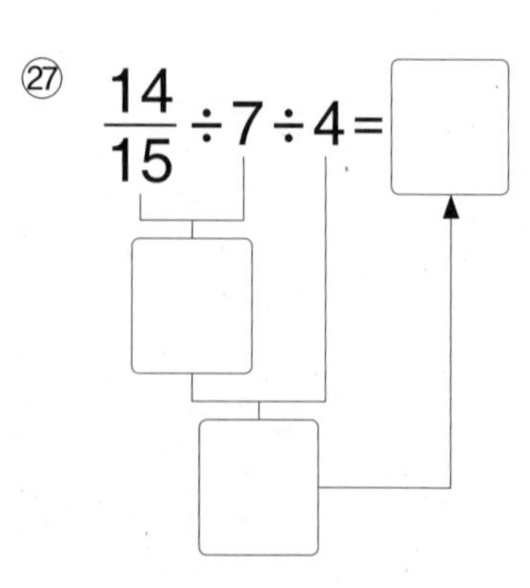

나눗셈을 곱셈으로 바꾸면 한꺼번에 약분해서 계산할 수 있어.

# 02 한꺼번에 계산하기

● 계산해 보세요.

① $\frac{6}{7}\times2\div3=\frac{\overset{2}{\cancel{6}}}{7}\times2\times\frac{1}{\underset{1}{\cancel{3}}}=\frac{4}{7}$

❶ 나눗셈을 곱셈으로 고쳐요.
❷ 한꺼번에 약분해요.

② $\frac{5}{4}\div5\times3=$

③ $\frac{4}{9}\div8\times3=$

④ $\frac{2}{3}\div4\div3=$

⑤ $\frac{8}{3}\div3\times4=$

⑥ $\frac{5}{2}\times6\div7=$

⑦ $\frac{9}{10}\div3\times5=$

⑧ $\frac{7}{8}\times2\div4=$

⑨ $\frac{6}{11}\div4\div2=$

⑩ $\frac{14}{15}\div7\div3=$

⑪ $\frac{6}{5}\times6\div9=$

⑫ $\frac{3}{10}\div15\times15=$

⑬ $\frac{5}{6}\div4\div5=$

⑭ $\frac{12}{7}\div8\times3=$

⑮ $\frac{3}{8} \div 3 \times 8 =$

⑯ $\frac{17}{6} \div 5 \times 3 =$

⑰ $\frac{9}{5} \div 12 \times 2 =$

⑱ $\frac{8}{21} \div 6 \times 14 =$

⑲ $\frac{12}{13} \times 26 \div 8 =$

⑳ $\frac{20}{11} \div 15 \div 2 =$

㉑ $\frac{8}{13} \div 4 \div 8 =$

㉒ $\frac{32}{17} \div 16 \div 3 =$

㉓ $\frac{12}{7} \div 12 \times 7 =$

㉔ $\frac{16}{27} \div 6 \times 9 =$

㉕ $\frac{18}{7} \div 6 \div 15 =$

㉖ $\frac{6}{35} \div 4 \times 21 =$

㉗ $\frac{9}{10} \times 12 \div 15 =$

㉘ $\frac{5}{6} \div 3 \times \frac{4}{5} =$

㉙ $\frac{5}{8} \div 5 \times 16 =$

㉚ $\frac{20}{27} \div 2 \div 5 =$

㉛ $\frac{21}{16} \times \frac{2}{3} \div 7 =$

㉜ $\frac{9}{14} \times 7 \div 9 =$

㉝ $\frac{24}{17} \div 8 \div 2 =$

㉞ $\frac{13}{6} \div 4 \times 2 =$

㉟ $\frac{7}{22} \times 3 \div 2 =$

㊱ $\frac{33}{19} \div 11 \times 9 =$

㊲ $\frac{16}{23} \div 4 \div 3 =$

㊳ $\frac{7}{15} \times 15 \div 7 =$

㊴ $\frac{4}{9} \div 6 \times 12 =$

㊵ $\frac{63}{20} \div 2 \div 9 =$

㊶ $\frac{25}{6} \div 10 \times 8 =$

㊷ $\frac{15}{16} \times \frac{4}{5} \div 9 =$

대분수는 (자연수)+(분수)니까 그대로 곱할 수 없어.

# 03 대분수를 가분수로 바꾸어 계산하기

● 계산해 보세요.

① $2\frac{1}{3}\div7\times2=\frac{7}{3}\times\frac{1}{7}\times2=\frac{2}{3}$

나눗셈을 곱셈으로 바꿔요.

대분수를 가분수로 바꿔요.

② $4\frac{1}{2}\times4\div6=$

③ $1\frac{5}{9}\div10\div7=$

④ $1\frac{1}{7}\div4\times5=$

⑤ $2\frac{2}{5}\div2\div3=$

⑥ $1\frac{2}{3}\times7\div15=$

⑦ $1\frac{1}{8}\times10\div12=$

⑧ $2\frac{5}{6}\times6\div17=$

⑨ $2\frac{1}{4}\div5\div9=$

⑩ $3\frac{5}{9}\div8\times3=$

⑪ $3\frac{1}{6}\div5\times2=$

⑫ $3\frac{3}{5}\div12\div3=$

⑬ $1\frac{1}{8}\times12\div3=$

⑭ $2\frac{1}{4}\div6\times14=$

⑮ $5\frac{3}{4} \times 4 \div 9 =$

⑯ $2\frac{1}{10} \div 14 \times 4 =$

⑰ $3\frac{1}{5} \times \frac{5}{7} \div 4 =$

⑱ $2\frac{4}{7} \times 7 \div 3 =$

⑲ $2\frac{2}{9} \div 5 \div 3 =$

⑳ $7\frac{1}{3} \times 4 \div 11 =$

㉑ $1\frac{7}{20} \div 18 \times 6 =$

㉒ $4\frac{3}{8} \div 21 \times 6 =$

㉓ $2\frac{6}{7} \times 2 \div 10 =$

㉔ $4\frac{4}{5} \div 8 \div 4 =$

㉕ $3\frac{3}{14} \div 3 \div 5 =$

㉖ $2\frac{1}{7} \div 27 \times 7 =$

㉗ $3\frac{1}{5} \times 15 \div 10 =$

㉘ $6\frac{3}{7} \times 6 \div 5 =$

대분수는 (자연수)+(분수)니까 그대로 곱할 수 없어.

㉙ $2\frac{2}{11}\times2\div12=$

㉚ $3\frac{3}{20}\div3\div7=$

㉛ $6\frac{5}{12}\div11\div4=$

㉜ $1\frac{1}{15}\div8\times5=$

㉝ $7\frac{1}{2}\div27\div2=$

㉞ $4\frac{3}{8}\times4\div5=$

㉟ $5\frac{3}{5}\times4\div12=$

㊱ $3\frac{1}{13}\div6\times\frac{3}{5}=$

㊲ $1\frac{11}{16}\div3\times6=$

㊳ $7\frac{1}{7}\div15\div2=$

㊴ $12\frac{1}{4}\div14\times8=$

㊵ $3\frac{1}{3}\div4\div2=$

㊶ $4\frac{2}{5}\times\frac{4}{11}\div6=$

㊷ $8\frac{1}{6}\div14\times4=$

# 04 등식 완성하기

'='의 양쪽은 같아.

● '='의 양쪽이 같게 되도록 □ 안에 알맞은 수를 써 보세요.

① $\frac{1}{2}\times3\div5 = \frac{1}{2}\times\frac{3}{5}$

$\frac{1}{2}\times3\times\frac{1}{5}$

② $\frac{3}{5}\div7\times3 = \frac{3}{5}\times\frac{\square}{\square}$

③ $\frac{2}{3}\times2\div3 = \frac{2}{3}\times\frac{\square}{\square}$

④ $\frac{2}{7}\div5\times2 = \frac{2}{7}\times\frac{\square}{\square}$

⑤ $\frac{8}{9}\times5\div7 = \frac{8}{9}\times\frac{\square}{\square}$

⑥ $\frac{3}{8}\div6\times5 = \frac{3}{8}\times\frac{\square}{\square}$

⑦ $\frac{7}{6}\times3\div4 = \frac{7}{6}\times\frac{\square}{\square}$

⑧ $\frac{9}{5}\div3\times8 = \frac{9}{5}\times\frac{\square}{\square}$

⑨ $\frac{11}{4}\times8\div5 = \frac{11}{4}\times\frac{\square}{\square}$

⑩ $\frac{10}{3}\div5\times4 = \frac{10}{3}\times\frac{\square}{\square}$

⑪ $1\frac{1}{2}\times5\div9 = 1\frac{1}{2}\times\frac{\square}{\square}$

⑫ $1\frac{1}{8}\div6\times5 = 1\frac{1}{8}\times\frac{\square}{\square}$

⑬ $1\frac{5}{7}\times7\div6 = 1\frac{5}{7}\times\frac{\square}{\square}$

⑭ $2\frac{3}{4}\div3\times8 = 2\frac{3}{4}\times\frac{\square}{\square}$

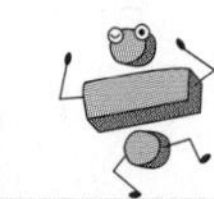

결과가 1이 되려면 식에 있는 수들이 모두 약분되어야 해.

# 05 1이 되는 식 만들기

● 빈칸에 알맞은 수를 써 보세요.

① $\frac{7}{10} \div 14 \times$ 20 $=1$

❶ $\frac{\overset{1}{\cancel{7}}}{10} \times \frac{1}{\underset{2}{\cancel{14}}} = \frac{1}{20}$ ❷ $\frac{1}{20}$에 20을 곱해야 1이 돼요.

② $\frac{6}{5} \times 5 \div$ ______ $=1$

같은 수끼리 나누어야 1이 돼요.

③ $\frac{3}{5} \div 3 \times$ ______ $=1$

④ $\frac{5}{8} \times 16 \div$ ______ $=1$

⑤ $\frac{4}{3} \times 9 \div$ ______ $=1$

⑥ $\frac{1}{4} \times 12 \div$ ______ $=1$

⑦ $2\frac{1}{2} \times 4 \div$ ______ $=1$

⑧ $\frac{4}{9} \div 8 \times$ ______ $=1$

⑨ $2\frac{1}{2} \div 10 \times$ ______ $=1$

⑩ $1\frac{2}{3} \div 5 \times$ ______ $=1$

⑪ $1\frac{3}{4} \times 8 \div$ ______ $=1$

⑫ $\frac{1}{3} \times 15 \div$ ______ $=1$

⑬ $\frac{5}{11} \div 10 \times$ ______ $=1$

⑭ $1\frac{1}{6} \div 14 \times$ ______ $=1$

⑮ $\frac{8}{3} \div 2 \times$ ______ $=1$

⑯ $\frac{21}{2} \div 3 \times$ ______ $=1$

⑰ $\frac{9}{4} \div 2 \times$ ______ $=1$

⑱ $1\frac{2}{9} \times 6 \div$ ______ $=1$

⑲ $2\frac{1}{4} \times 3 \div$ ______ $=1$

⑳ $5\frac{1}{2} \div 2 \times$ ______ $=1$

㉑ $\frac{5}{6} \times 9 \div$ ______ $=1$

㉒ $\frac{6}{7} \div 3 \times$ ______ $=1$

㉓ $2\frac{2}{5} \div 2 \times$ ______ $=1$

㉔ $\frac{5}{8} \times 10 \div$ ______ $=1$

㉕ $\frac{8}{9} \div 4 \times$ ______ $=1$

㉖ $\frac{8}{5} \div 4 \times$ ______ $=1$

㉗ $3\frac{3}{4} \div 5 \times$ ______ $=1$

㉘ $\frac{9}{10} \div 6 \times$ ______ $=1$

# ÷ 5 (소수)÷(자연수)

## 자연수의 나눗셈처럼 계산하고 소수점을 찍어.

❶

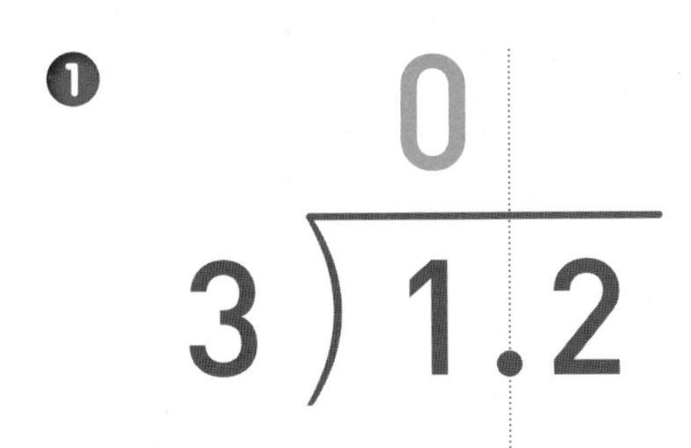


1은 3보다 작으므로
몫의 일의 자리에
0을 씁니다.

❷

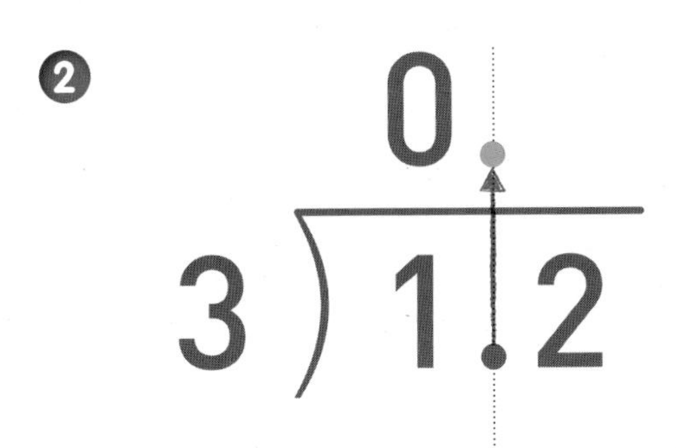


몫의 소수점은 나누어지는 수의
소수점과 같은 자리에
찍습니다.

❸

×0.4
3 ) 1.2
-1 2
0

3×4=12이므로
몫의 소수 첫째 자리에
4를 씁니다.

# 01 분수의 나눗셈으로 바꾸어 계산하기

● 분수의 나눗셈으로 바꾸어 계산해 보세요.

① $2.4 \div 2 = \frac{24}{10} \div 2 = \frac{24 \div 2}{10} = \frac{12}{10} = 1.2$

❶ 소수 한 자리 수는 분모가 10인 분수로 바꿔요.
❷ 분자를 자연수로 나누어요.
❸ 소수로 나타내요.

② $9.6 \div 3 = \frac{\square}{10} \div 3 = \frac{\square \div 3}{10} = \frac{\square}{10} = \square$

③ $4.2 \div 3 = \frac{\square}{10} \div 3 = \frac{\square \div 3}{10} = \frac{\square}{10} = \square$

④ $8.5 \div 5 = \frac{\square}{10} \div 5 = \frac{\square \div 5}{10} = \frac{\square}{10} = \square$

⑤ $9.6 \div 6 = \frac{\square}{10} \div 6 = \frac{\square \div 6}{10} = \frac{\square}{10} = \square$

⑥ $4.5 \div 5 = \frac{\square}{10} \div 5 = \frac{\square \div 5}{10} = \frac{\square}{10} = \square$

⑦ $6.3 \div 9 = \frac{\square}{10} \div 9 = \frac{\square \div 9}{10} = \frac{\square}{10} = \square$

⑧ $8.48 \div 4 = \frac{\square}{100} \div 4 = \frac{\square \div 4}{100} = \frac{\square}{100} = \square$

소수 두 자리 수는
분모가 100인 분수로 바꿔요.

⑨ $6.28 \div 2 = \frac{\square}{100} \div 2 = \frac{\square \div 2}{100} = \frac{\square}{100} = \square$

⑩ $8.56 \div 4 = \frac{\square}{100} \div 4 = \frac{\square \div 4}{100} = \frac{\square}{100} = \square$

⑪ $9.24 \div 7 = \frac{\square}{100} \div 7 = \frac{\square \div 7}{100} = \frac{\square}{100} = \square$

⑫ $0.91 \div 7 = \frac{\square}{100} \div 7 = \frac{\square \div 7}{100} = \frac{\square}{100} = \square$

⑬ $0.96 \div 8 = \frac{\square}{100} \div 8 = \frac{\square \div 8}{100} = \frac{\square}{100} = \square$

⑭ $0.6 \div 4 = \frac{6}{10} \div 4 = \frac{\square}{100} \div 4 = \frac{\square \div 4}{100} = \frac{\square}{100} = \square$

6÷4가 나누어떨어지지 않으므로
분모가 100인 분수로 다시 바꿔요.

⑮ $7.3 \div 5 = \frac{73}{10} \div 5 = \frac{\square}{100} \div 5 = \frac{\square \div 5}{100} = \frac{\square}{100} = \square$

⑯ $8.1 \div 6 = \frac{81}{10} \div 6 = \frac{\square}{100} \div 6 = \frac{\square \div 6}{100} = \frac{\square}{100} = \square$

⑰ $13.5 \div 2 = \frac{135}{10} \div 2 = \frac{\square}{100} \div 2 = \frac{\square \div 2}{100} = \frac{\square}{100} = \square$

⑱ $3.21 \div 3 = \frac{\square}{100} \div 3 = \frac{\square \div 3}{100} = \frac{\square}{100} = \square$

⑲ $8.24 \div 4 = \frac{\square}{100} \div 4 = \frac{\square \div 4}{100} = \frac{\square}{100} = \square$

⑳ $21.35 \div 7 = \frac{\square}{100} \div 7 = \frac{\square \div 7}{100} = \frac{\square}{100} = \square$

㉑ $54.54 \div 9 = \frac{\square}{100} \div 9 = \frac{\square \div 9}{100} = \frac{\square}{100} = \square$

# 02 자연수의 나눗셈으로 알아보기

● 자연수의 나눗셈을 하고 소수의 나눗셈을 해 보세요.

① $4\overline{)32}$ = 8 (32 − 32 = 0) 　 $4\overline{)3.2}$ = 0.8 (32 − 32 = 0)

❶ 자연수의 나눗셈과 같은 방법으로 계산해요.

❷ 나누어지는 수에 맞추어 소수점을 찍은 후 일의 자리에 0을 써요.

② $2\overline{)46}$ 　 $2\overline{)4.6}$

③ $3\overline{)936}$ 　 $3\overline{)9.36}$

④ $4\overline{)484}$ 　 $4\overline{)4.84}$

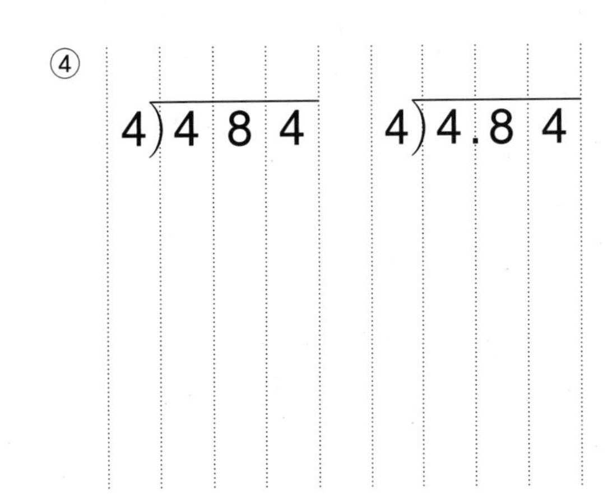

⑤ $6\overline{)78}$ 　 $6\overline{)7.8}$

⑥ $5\overline{)815}$ 　 $5\overline{)8.15}$

⑦ $4\overline{)492}$　　$4\overline{)4.92}$

⑧ $5\overline{)915}$　　$5\overline{)9.15}$

⑨ $12\overline{)192}$　　$12\overline{)19.2}$

⑩ 
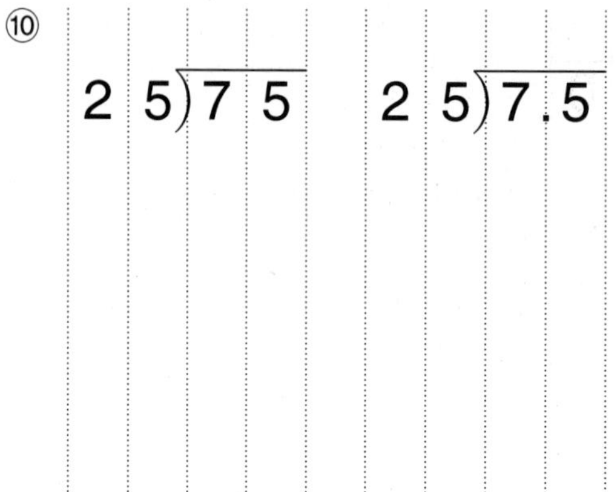
$25\overline{)75}$　　$25\overline{)7.5}$

⑪ 
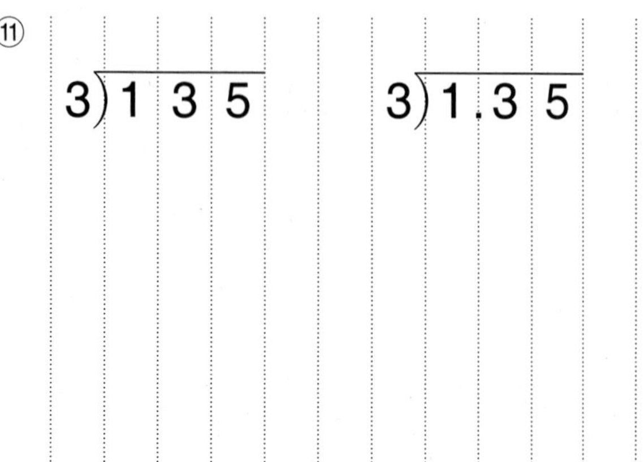
$3\overline{)135}$　　$3\overline{)1.35}$

⑫ 
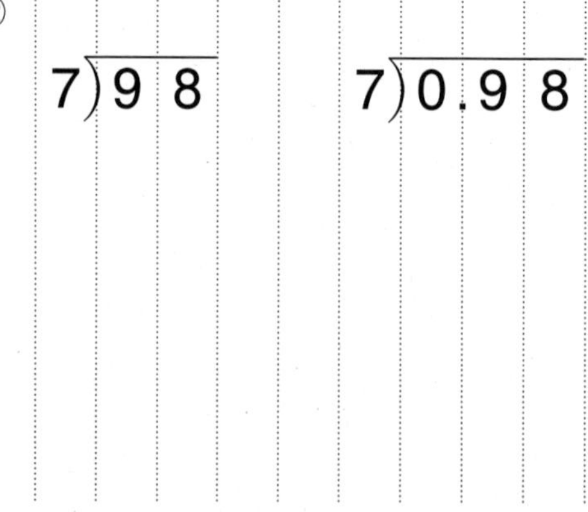
$7\overline{)98}$　　$7\overline{)0.98}$

⑬

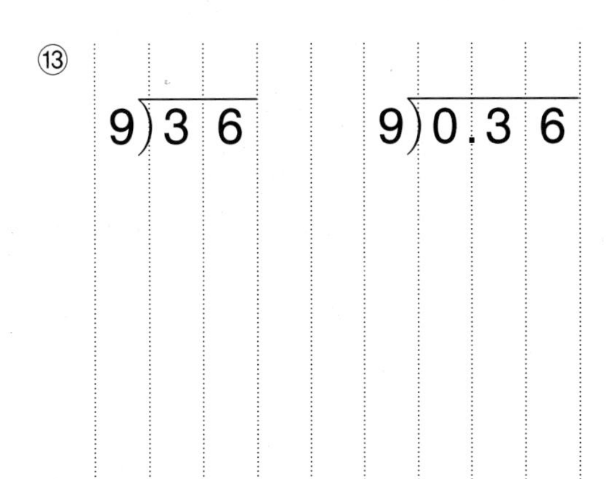

$9\overline{)36}$　　$9\overline{)0.36}$

⑭

6.8은 6.80과 같아요.

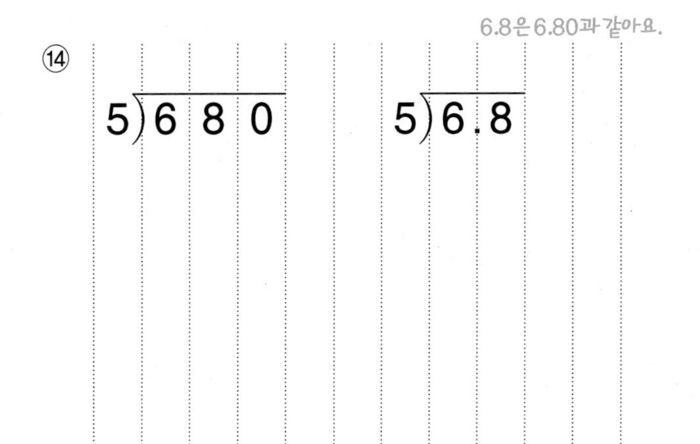

$5\overline{)680}$　　$5\overline{)6.8}$

⑮

$6\overline{)990}$　　$6\overline{)9.9}$

⑯

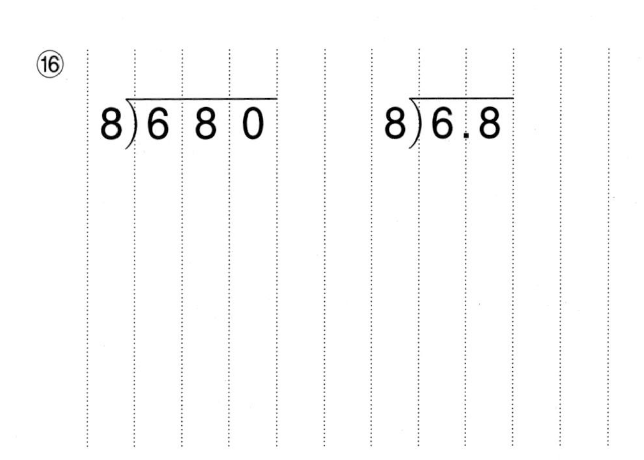

$8\overline{)680}$　　$8\overline{)6.8}$

⑰

$5\overline{)520}$　　$5\overline{)5.2}$

⑱

$8\overline{)2456}$　　$8\overline{)24.56}$

몫의 소수점 위치는 나누어지는 수의 소수점 위치와 같아!

나눗셈의 원리

# 03 (소수)÷(자연수) (1)

● 나눗셈의 몫을 구해 보세요.

① 

② 2)2.6

③ 3)9.9

④ 4)8.4

⑤ 3)3.6

⑥ 2)8.6

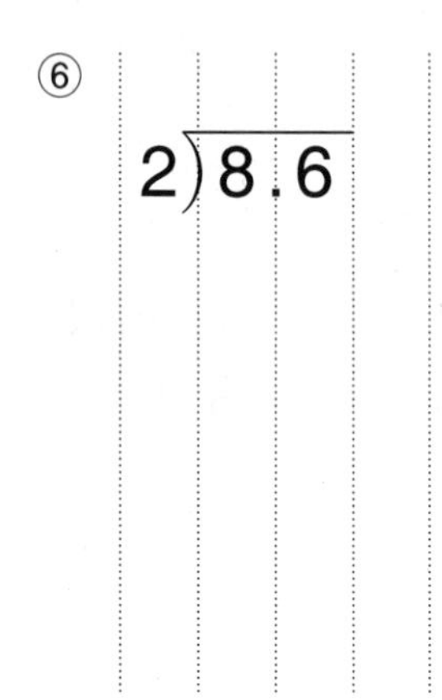

⑦ 5)5.55

⑧ 2)44.2

⑨ 3)3.96

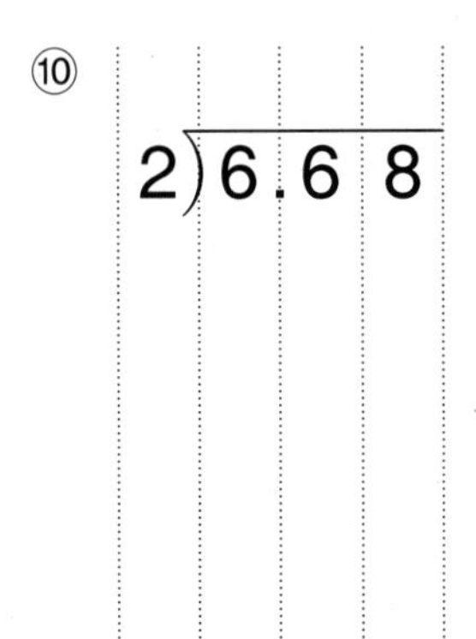

⑩ $2\overline{)6.68}$

⑪ $4\overline{)4.88}$

⑫ $7\overline{)7.77}$

⑬ $3\overline{)6.93}$

⑭ $2\overline{)4.82}$

⑮ $3\overline{)9.39}$

⑯ $2\overline{)2.86}$

⑰ $3\overline{)9.33}$

⑱ $4\overline{)8.48}$

# 04 (소수)÷(자연수) (2)

● 나눗셈의 몫을 구해 보세요.

① $3\overline{)13.8}$ = 4.6

12, 18, 18, 0

❶ 138÷3=46

❷ 나누어지는 수에 맞추어 몫의 소수점을 찍어요.

② $6\overline{)8.4}$

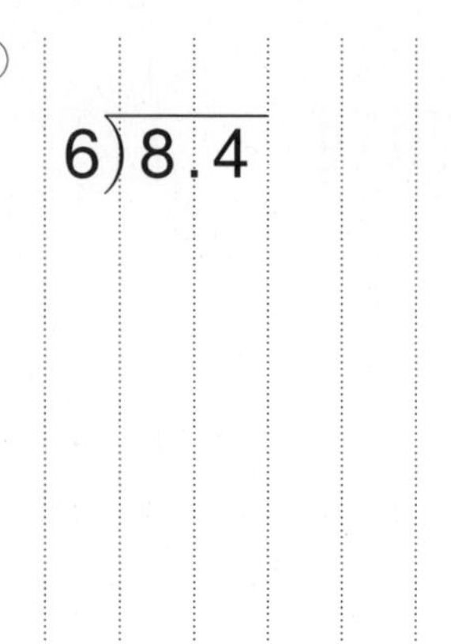

③ $7\overline{)26.6}$

④ $4\overline{)7.6}$

⑤ $2\overline{)25.2}$

⑥ $8\overline{)91.2}$

⑦ $5\overline{)94.5}$

⑧ $9\overline{)29.34}$

⑨ $3\overline{)61.38}$

⑩ $6\overline{)13.86}$

⑪ 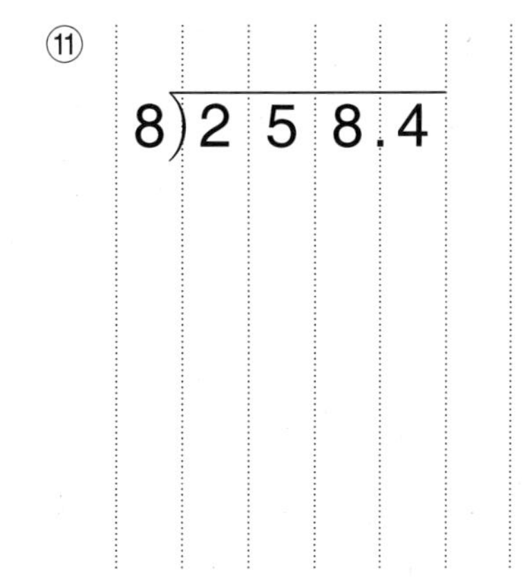

$8\overline{)258.4}$

⑫ 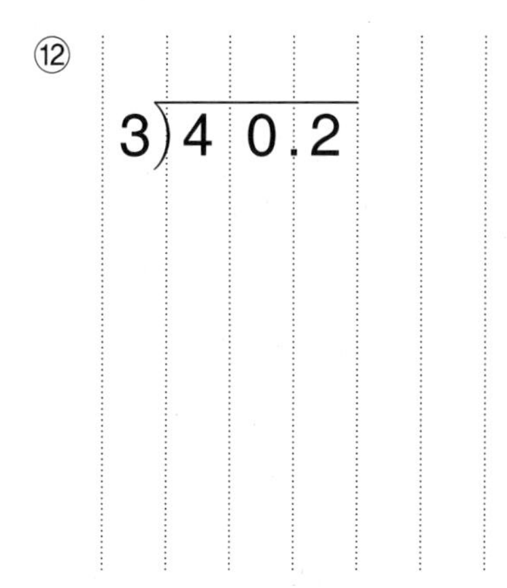

$3\overline{)40.2}$

⑬ $7\overline{)26.32}$

⑭ $9\overline{)41.04}$

⑮ $11\overline{)39.71}$

⑯ $6\overline{)73.56}$

⑰ $7\overline{)93.45}$

⑱ 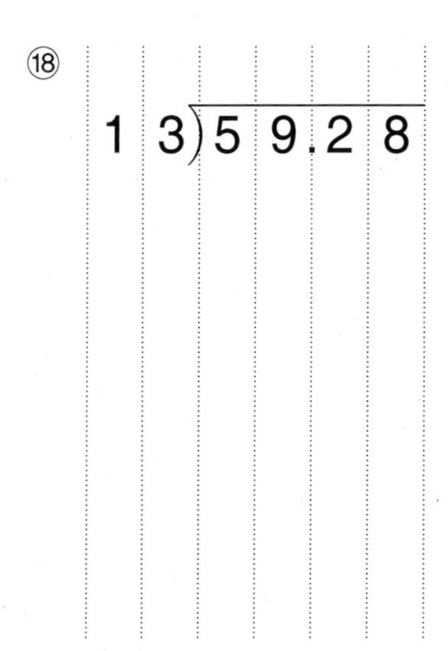

$13\overline{)59.28}$

나누어지는 수가 나누는 수보다 작으면 몫은 1보다 작아!

# 05 몫이 1보다 작은 (소수)÷(자연수)

● 나눗셈의 몫을 구해 보세요.

① 9)4.5 (몫 0.5, 45, 0)

❶ 45÷9=5

❷ 몫의 자연수 부분이 비어 있으면 일의 자리에 0을 써요.

② 8)7.2

③ 3)0.18

④ 7)2.66

⑤ 6)1.62

⑥ 5)4.65

⑦ 4)0.56

⑧ 2)0.96

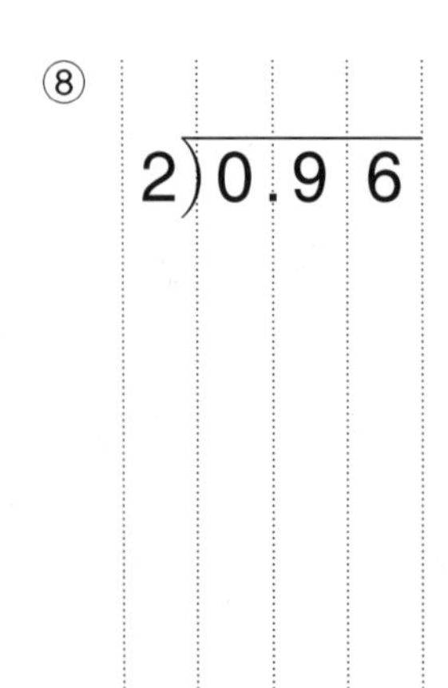

⑨ 6)5.22

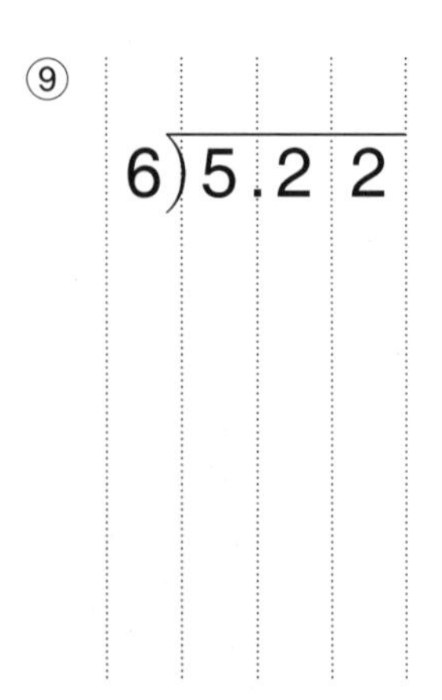

⑩ $8\overline{)1.92}$

⑪ 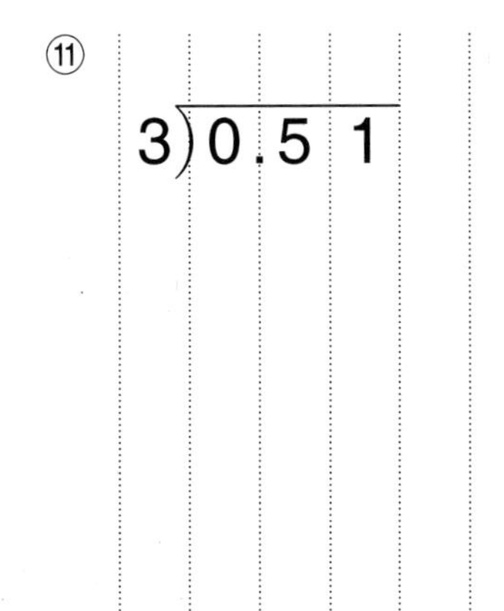
$3\overline{)0.51}$

⑫ 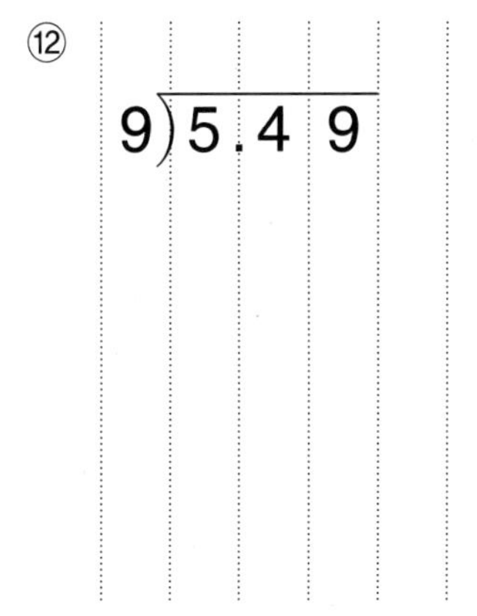
$9\overline{)5.49}$

⑬ $6\overline{)0.96}$

⑭ $7\overline{)3.08}$

⑮ 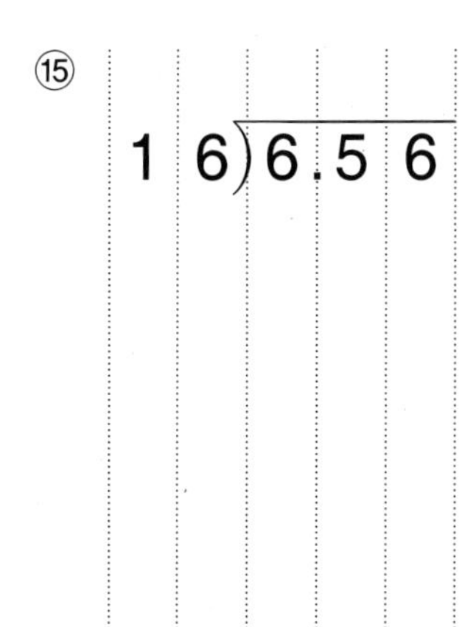
$16\overline{)6.56}$

⑯ $11\overline{)9.57}$

⑰ $13\overline{)7.54}$

⑱ 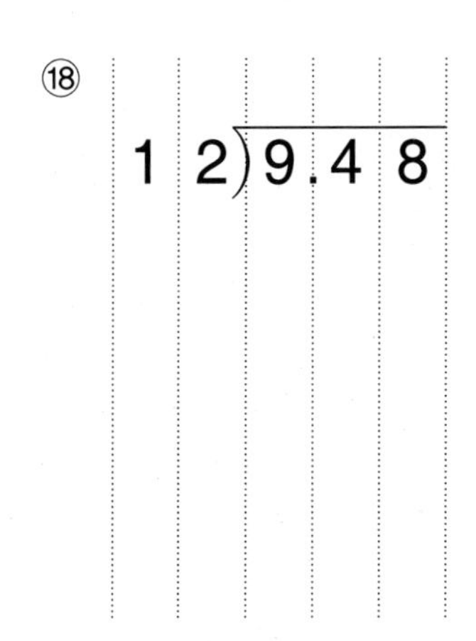
$12\overline{)9.48}$

나누어지는 수의 오른쪽 끝자리에 0이 있는 것으로 생각해!

# 06 소수점 아래 0을 내려 계산해야 하는 (소수)÷(자연수)

● 나눗셈의 몫을 구해 보세요.

①

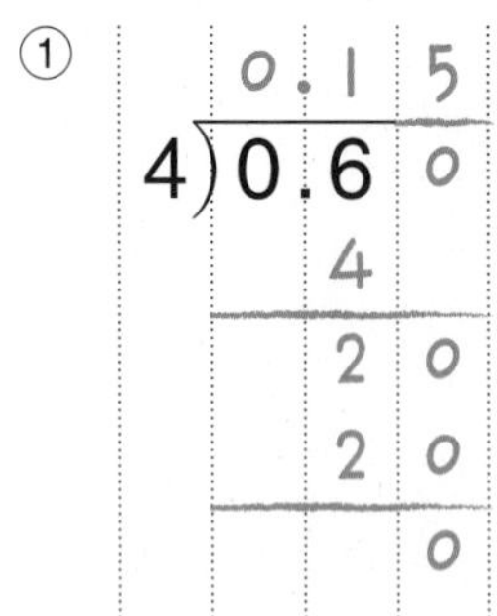

❶ 60÷4=15

❷ 소수점 아래에서 나누어떨어지지 않으므로 0을 내려 계산해요.

② $5\overline{)0.9}$

③ $8\overline{)2.8}$

④ $2\overline{)1.3}$

⑤ $5\overline{)3.6}$

⑥ $6\overline{)5.7}$

⑦ $5\overline{)6.9}$

⑧ $4\overline{)5.8}$

⑨ $2\overline{)7.1}$

⑩

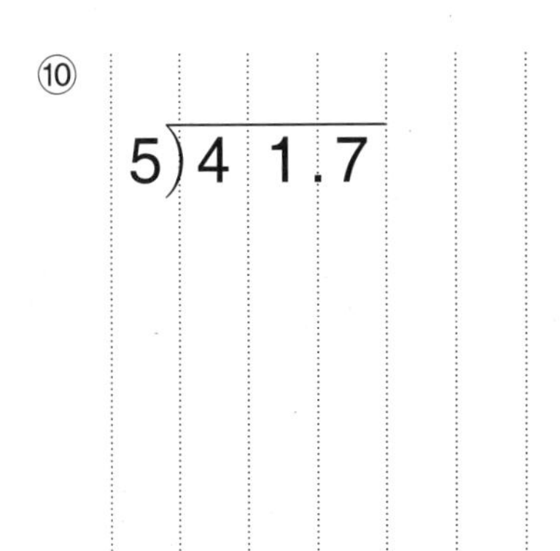

$5\overline{)41.7}$

⑪

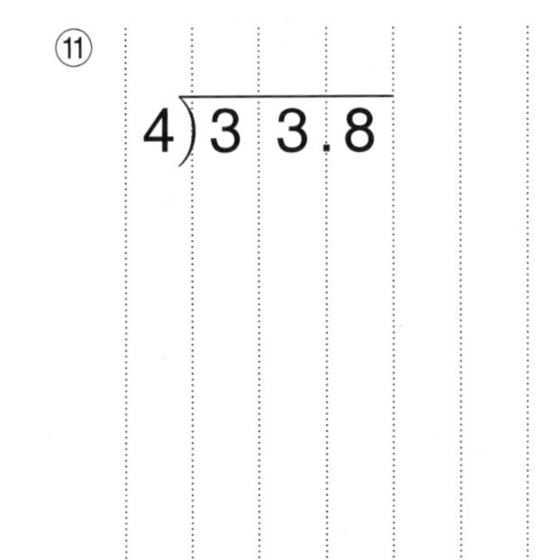

$4\overline{)33.8}$

⑫

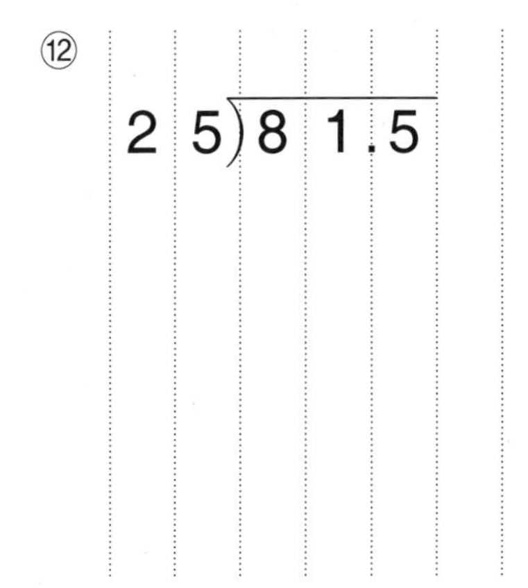

$25\overline{)81.5}$

⑬

$16\overline{)34.4}$

⑭

$6\overline{)11.7}$

⑮

$12\overline{)10.2}$

⑯

$15\overline{)42.9}$

⑰

$8\overline{)8.92}$

⑱

$24\overline{)6.36}$

나누어야 할 수가 나누는 수보다 작으면 몫에 0을 써.

나눗셈의 원리

# 07 몫의 소수 첫째 자리에 0이 있는 (소수)÷(자연수)

● 나눗셈의 몫을 구해 보세요.

① 

```
      1.0 4
  4)4.1 6
    4
    ─────
      1 6
      1 6
    ─────
        0
```

❶ 416÷4=104
❷ 수를 하나 내렸을 때 나눌 수 없으면 몫에 0을 쓰고 수를 하나 더 내려 계산해요.

② 3)9.21

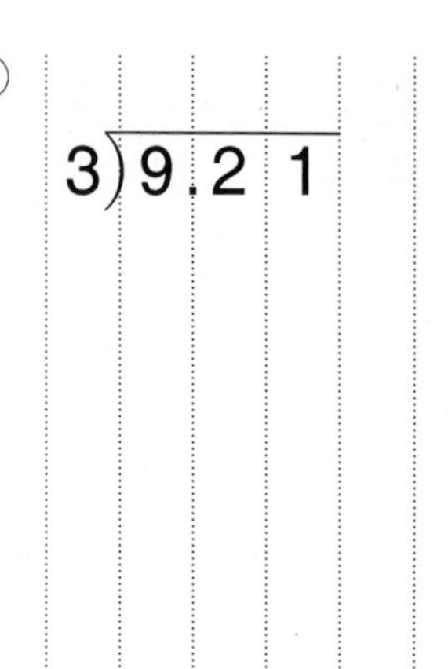

③ 8)8.72

④ 9)45.18

⑤ 2)36.16

⑥ 7)28.21

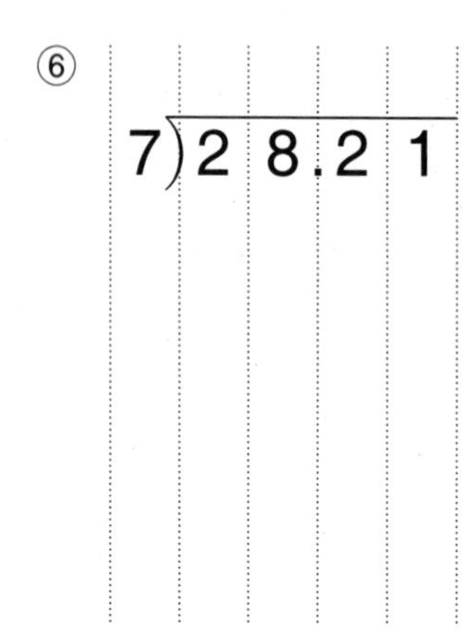

⑦ 5)10.3

⑧ 6)72.06

⑨ 8)32.4

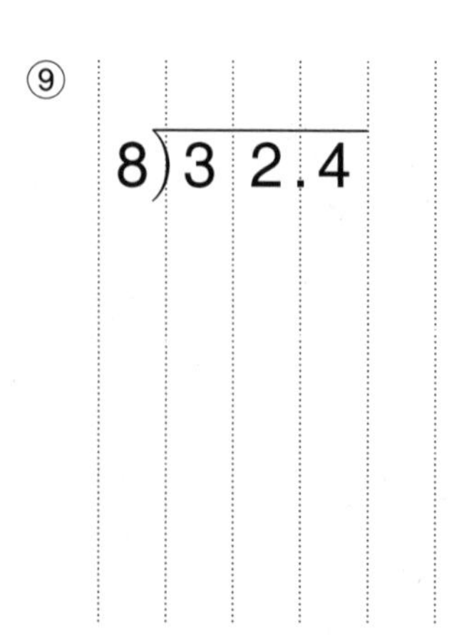

⑩ 9)81.81

⑪ 4)64.2

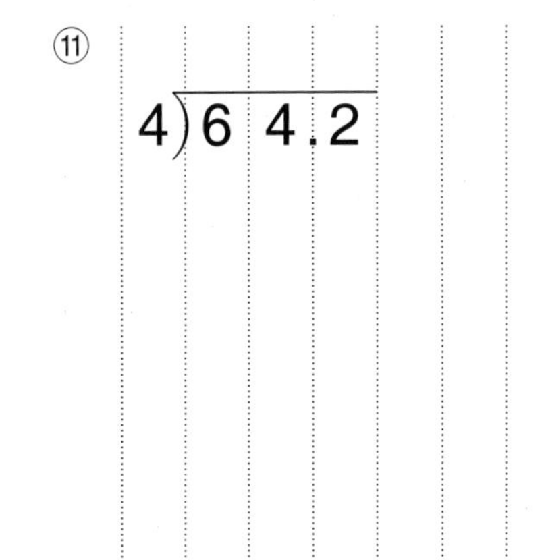

⑫ 7)91.42

⑬ 11)55.77

⑭ 15)46.2

⑮ 8)16.32

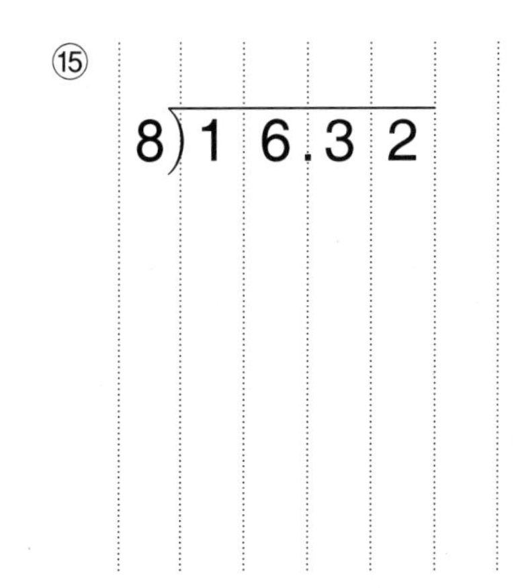

⑯ 12)60.84

⑰ 24)73.2

⑱ 13)79.17

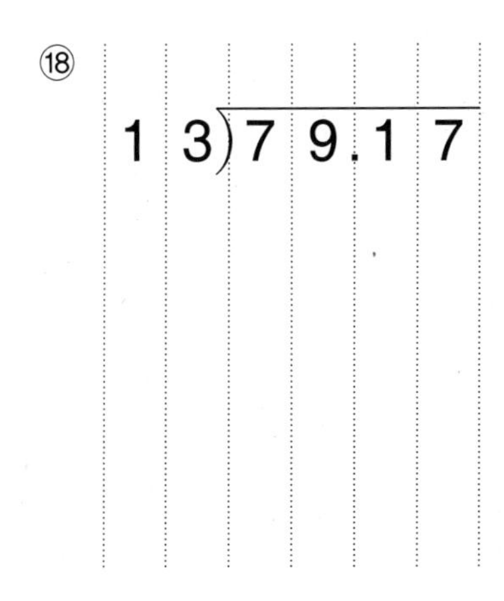

# 08 가로셈

세로셈으로 나타내면 계산하기 쉬워.

● 세로셈으로 쓰고 나눗셈의 몫을 구해 보세요.

① 5.1÷3

$$\begin{array}{r} 1.7 \\ 3\overline{)5.1} \\ \underline{3\phantom{.1}} \\ 2\,1 \\ \underline{2\,1} \\ 0 \end{array}$$

❶ 51÷3=17

❷ 나누어지는 수에 맞추어 소수점을 찍어요.

② 6.48÷2

③ 14.52÷6

④ 5.2÷13

⑤ 2.96÷4

⑥ 7.63÷7

⑦ 10.5÷6

⑧ 27.45÷9

⑨ 55.3÷14

⑩ $6.69 \div 3$

⑪ $20.8 \div 8$

⑫ $1.45 \div 5$

⑬ $1.1 \div 2$

⑭ $18.54 \div 9$

⑮ $46.52 \div 4$

⑯ $23.3 \div 5$

⑰ $4.55 \div 7$

⑱ $84.48 \div 6$

⑲ 4.84÷4

⑳ 0.54÷2

㉑ 22.2÷6

㉒ 55.59÷3

㉓ 3.4÷4

㉔ 7.36÷8

㉕ 86.67÷9

㉖ 16.5÷6

㉗ 92.2÷4

㉘ $47.4 \div 5$

㉙ $6.51 \div 21$

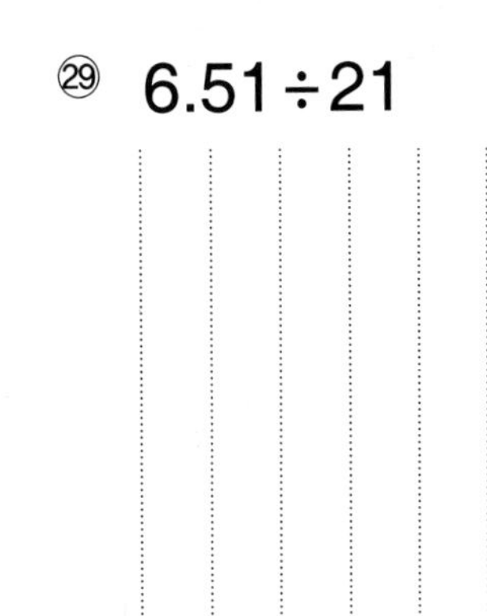

㉚ $32.25 \div 15$

㉛ $31.5 \div 35$

㉜ $96.4 \div 8$

㉝ $52.2 \div 12$

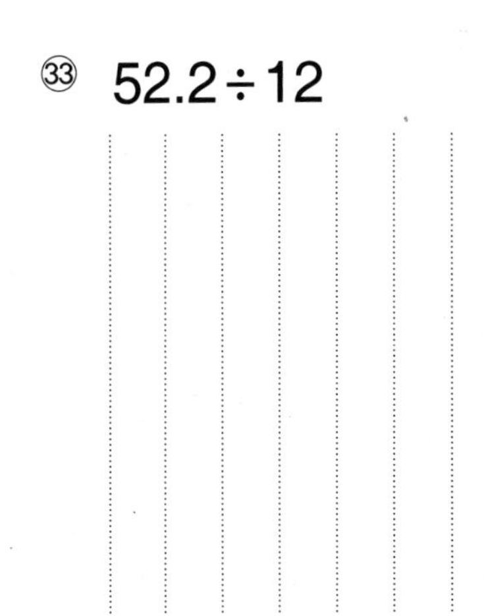

㉞ $97.92 \div 32$

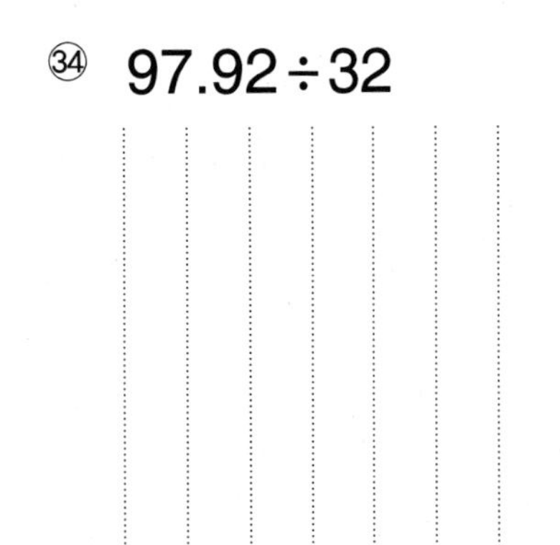

㉟ $73.25 \div 25$

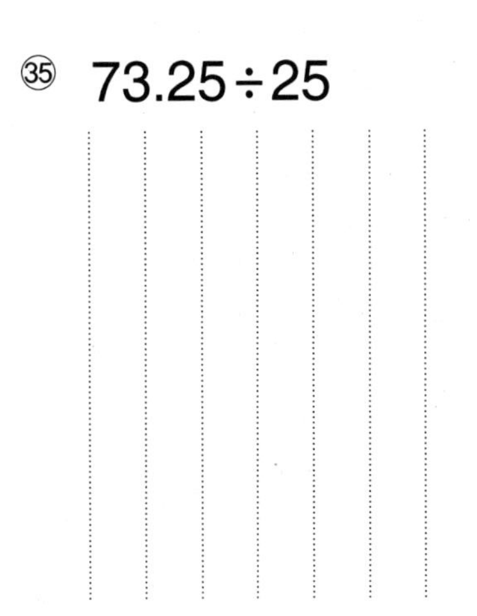

㊱ $12.15 \div 45$

나누는 수의 크기에 따라 몫이 어떻게 달라지는지 살펴봐!

# 09 커지는 수로 나누기

● 나눗셈의 몫을 구해 보세요.

① 19.8 ÷ 1 = 19.8

19.8 ÷ 10 = 1.98

19.8 ÷ 100 = 0.198

나누는 수가 10배가 되면 몫은 $\frac{1}{10}$배가 돼요.

② 1.5 ÷ 1 =

1.5 ÷ 10 =

1.5 ÷ 100 =

③ 5.7 ÷ 1 =

5.7 ÷ 10 =

5.7 ÷ 100 =

④ 20.8 ÷ 1 =

20.8 ÷ 10 =

20.8 ÷ 100 =

⑤ 4.36 ÷ 1 =

4.36 ÷ 10 =

4.36 ÷ 100 =

⑥ 6.03 ÷ 1 =

6.03 ÷ 10 =

6.03 ÷ 100 =

⑦ 3.57 ÷ 1 =

3.57 ÷ 10 =

3.57 ÷ 100 =

⑧ 81.7 ÷ 1 =

81.7 ÷ 10 =

81.7 ÷ 100 =

⑨ $2.3 \div 10 =$

$2.3 \div 100 =$

$2.3 \div 1000 =$

⑩ $8.4 \div 10 =$

$8.4 \div 100 =$

$8.4 \div 1000 =$

⑪ $16.9 \div 10 =$

$16.9 \div 100 =$

$16.9 \div 1000 =$

⑫ $24.6 \div 10 =$

$24.6 \div 100 =$

$24.6 \div 1000 =$

⑬ $7.52 \div 10 =$

$7.52 \div 100 =$

$7.52 \div 1000 =$

⑭ $1.95 \div 10 =$

$1.95 \div 100 =$

$1.95 \div 1000 =$

⑮ $50.8 \div 10 =$

$50.8 \div 100 =$

$50.8 \div 1000 =$

⑯ $4.05 \div 10 =$

$4.05 \div 100 =$

$4.05 \div 1000 =$

# 10 정해진 수로 나누기

● 나눗셈의 몫을 구해 보세요.

① 4로 나누어 보세요.

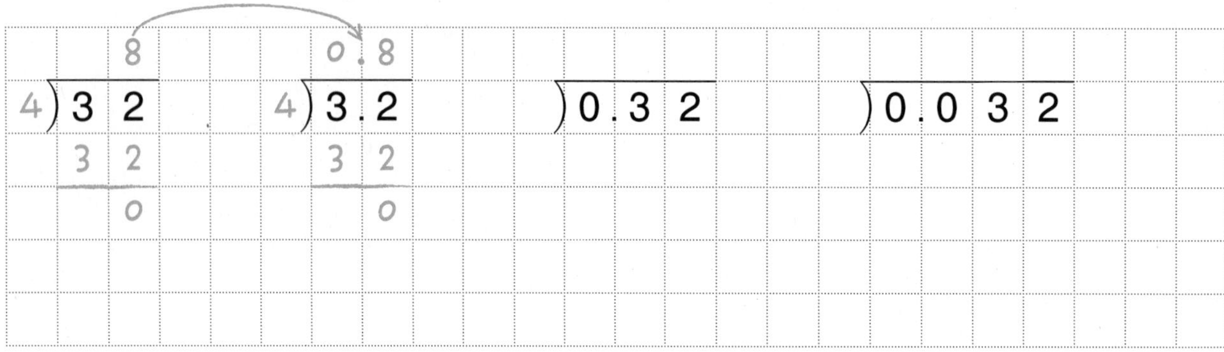


② 9로 나누어 보세요.

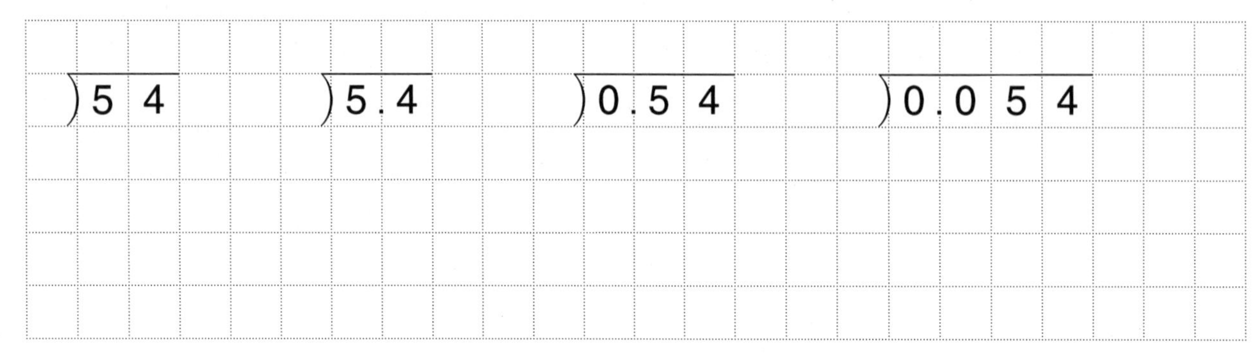


③ 2로 나누어 보세요.

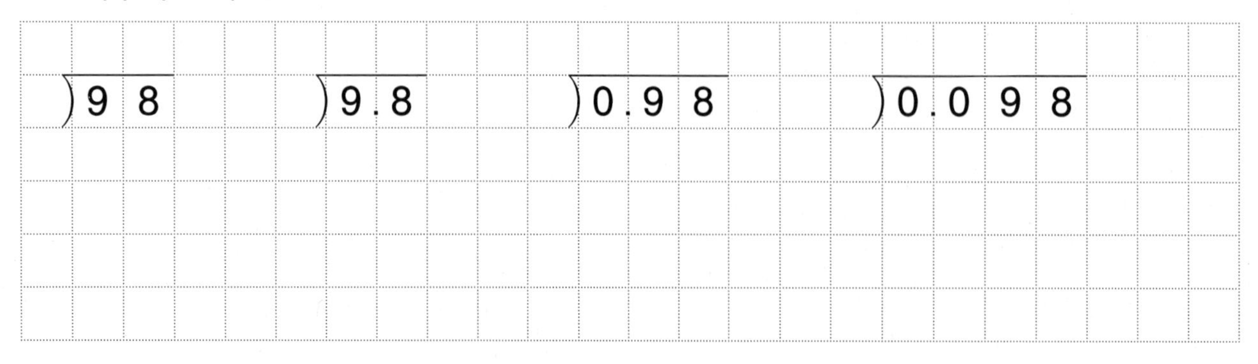

④ 5로 나누어 보세요.

$5\overline{)65}$ $5\overline{)6.5}$ $5\overline{)0.65}$ $5\overline{)0.065}$

⑤ 8로 나누어 보세요.

$8\overline{)272}$ $8\overline{)27.2}$ $8\overline{)2.72}$ $8\overline{)0.272}$

⑥ 3으로 나누어 보세요.

$3\overline{)714}$ $3\overline{)71.4}$ $3\overline{)7.14}$ $3\overline{)0.714}$

⑦ 7로 나누어 보세요.

$\overline{)371}$ $\overline{)37.1}$ $\overline{)3.71}$ $\overline{)0.371}$

⑧ 6으로 나누어 보세요.

$\overline{)174}$ $\overline{)17.4}$ $\overline{)1.74}$ $\overline{)0.174}$

⑨ 9로 나누어 보세요.

$\overline{)1557}$ $\overline{)155.7}$ $\overline{)15.57}$ $\overline{)1.557}$

검산해 보면 바르게 계산했는지 알 수 있어.

# 11 검산하기

● 나눗셈을 하고 검산을 해 보세요.

① $7\overline{)40.6}$ = 5.8 (35, 56, 56, 0) → 5.8 몫에 × 7 나누는 수를 곱해서 = 40.6 나누어지는 수가 되었으므로 ↓ 나눗셈을 바르게 한 거예요.

② $8\overline{)25.6}$ → □ × 8 = □

③ $4\overline{)39.2}$ → □ × 4 = □

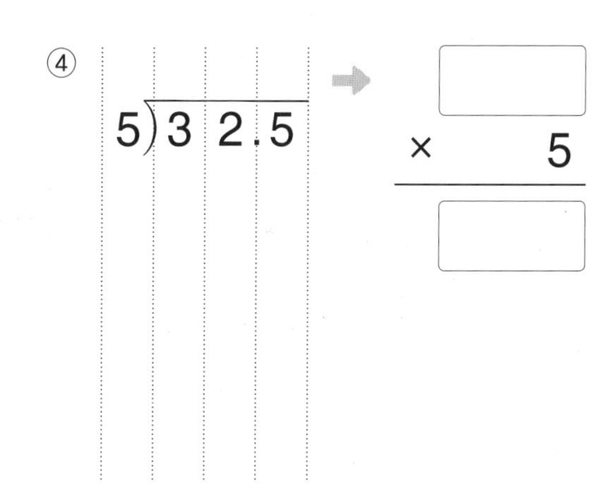

④ $5\overline{)32.5}$ → □ × 5 = □

⑤ $3\overline{)25.8}$ → □ × 3 = □

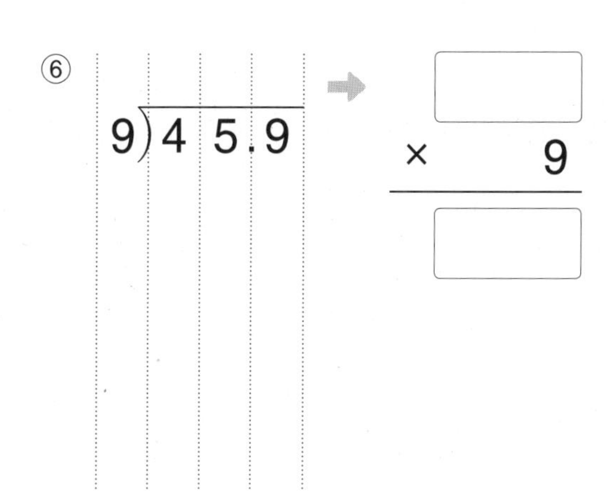

⑥ $9\overline{)45.9}$ → □ × 9 = □

⑦ $5\overline{)26.5}$ → $\square \times 5 = \square$

⑧ $6\overline{)40.2}$ → $\square \times 6 = \square$

⑨ $2\overline{)15.82}$ → $\square \times 2 = \square$

⑩ $6\overline{)27.18}$ → $\square \times 6 = \square$

⑪ $3\overline{)42.06}$ → $\square \times 3 = \square$

⑫ $5\overline{)37.25}$ → $\square \times 5 = \square$

⑬ $9\overline{)20.52}$

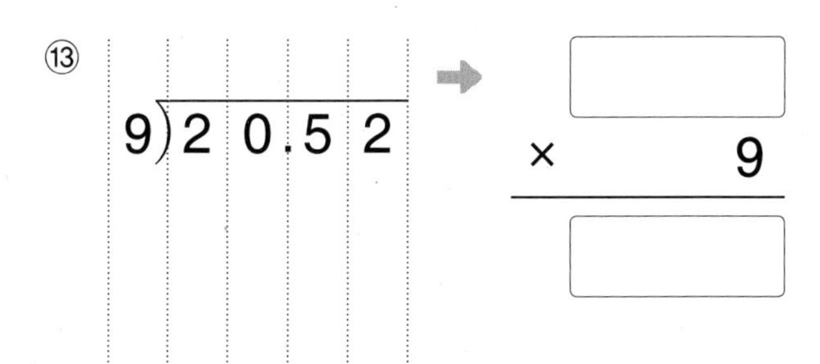

➡ $\square \times 9 = \square$

⑭ $7\overline{)60.76}$

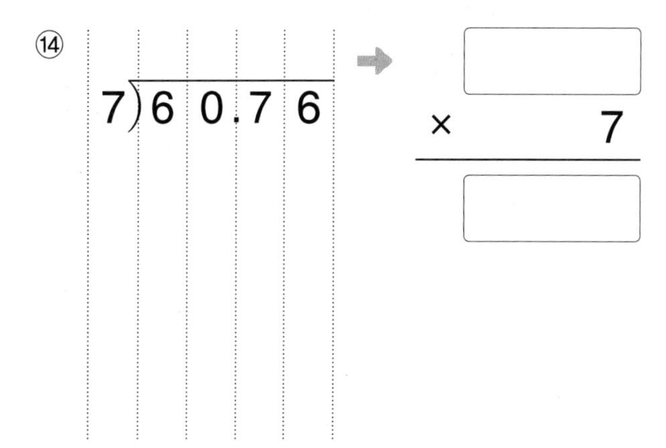

➡ $\square \times 7 = \square$

⑮ $5\overline{)38.8}$

➡ $\square \times 5 = \square$

⑯ $3\overline{)74.1}$

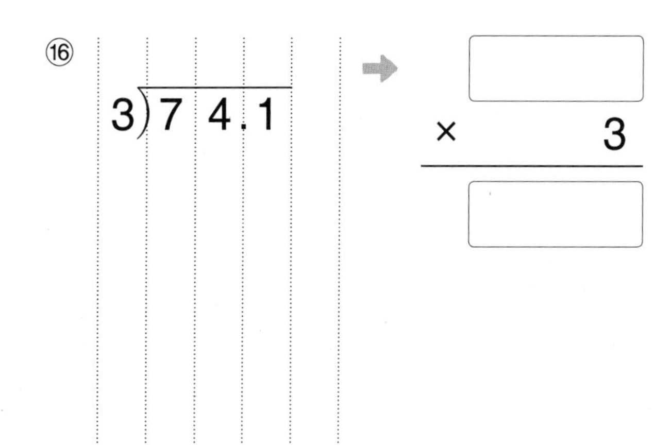

➡ $\square \times 3 = \square$

⑰ $6\overline{)25.32}$

➡ $\square \times 6 = \square$

⑱ $8\overline{)96.16}$

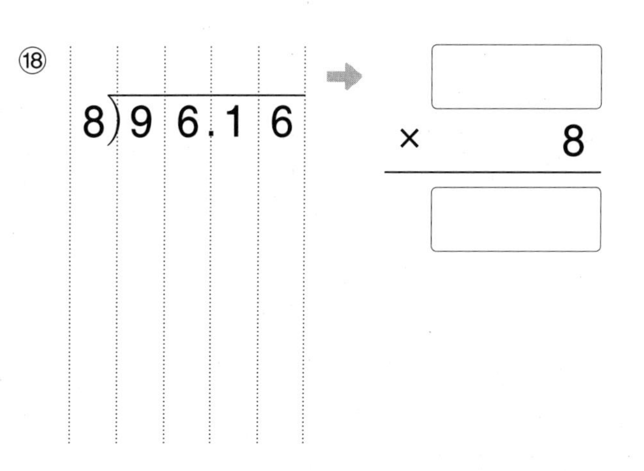

➡ $\square \times 8 = \square$

나눗셈의 원리

나누어떨어지지 않을 때는 몫을 어림해서 나타낼 수도 있어.

# 12 반올림하여 몫 구하기

❶ 몫을 소수 둘째 자리까지 구하고 ❷ 소수 둘째 자리에서 반올림해요.

● 몫을 반올림하여 소수 첫째 자리까지 나타내 보세요.

① 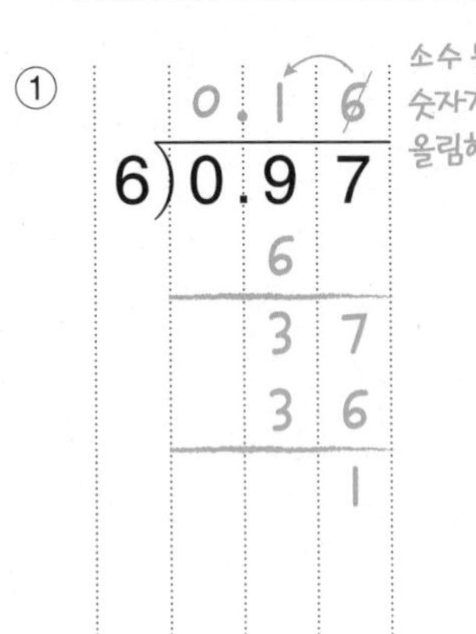


소수 둘째 자리 숫자가 6이므로 올림해요.

➡ 0.2

② 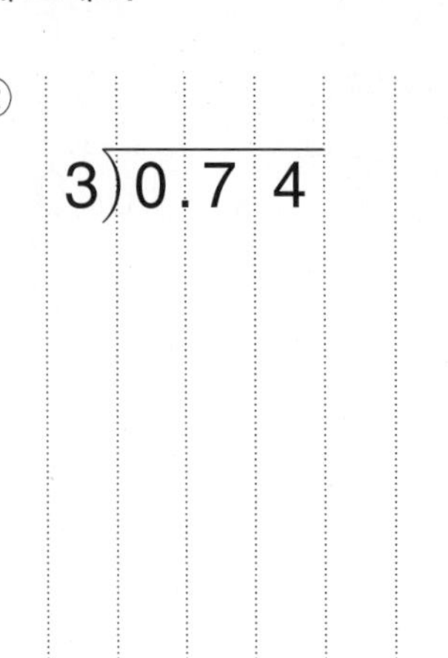


➡ ______

③ 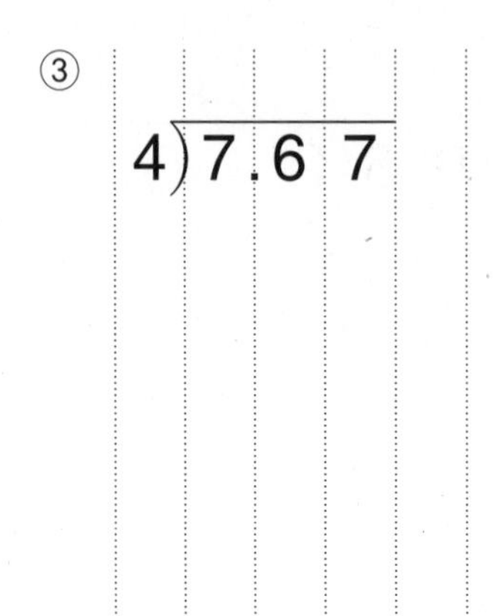


➡ ______

④ 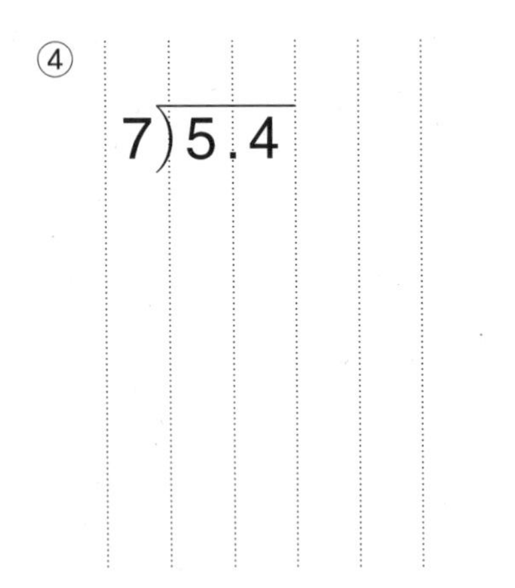


➡ ______

⑤ 9)4.7

➡ ______

⑥ 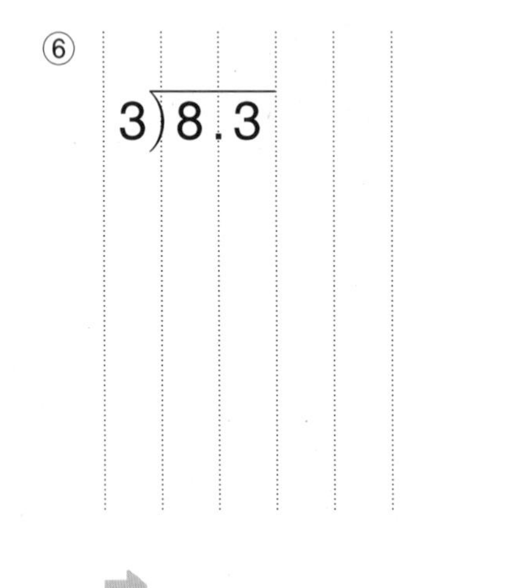


➡ ______

알지?

**반올림의 기준**

0 1 2 3 4 | 5 6 7 8 9

버리고 | 올리고

⑦

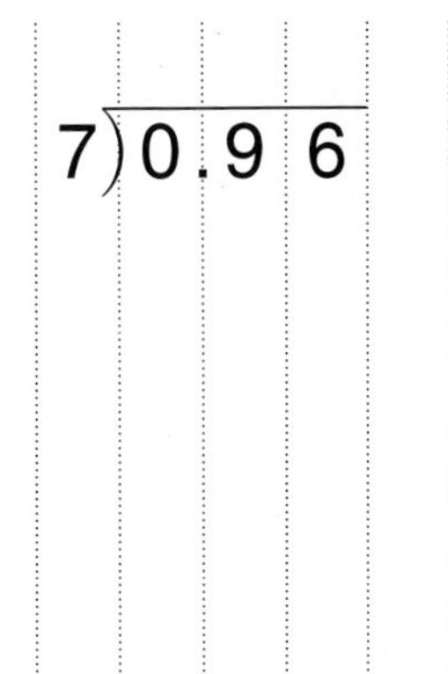

➡ ______________

⑧

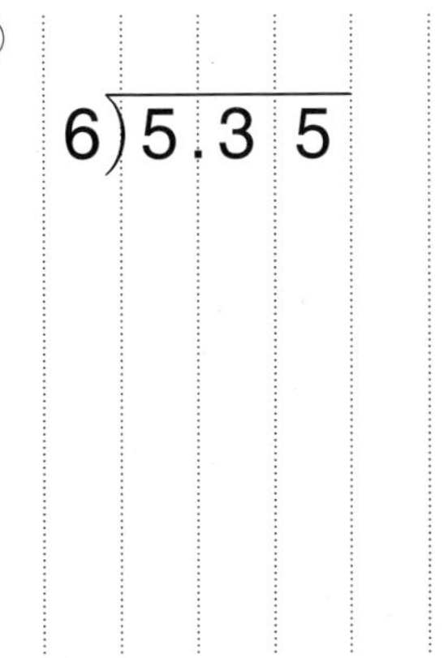

➡ ______________

⑨

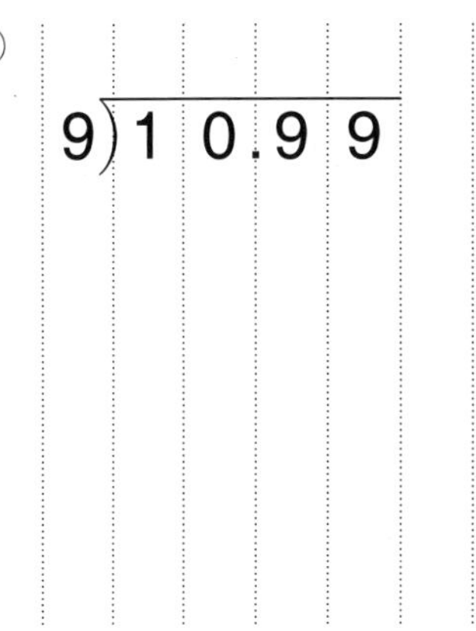

➡ ______________

⑩

$11\overline{)8.52}$

➡ ______________

⑪

$12\overline{)52.6}$

➡ ______________

⑫

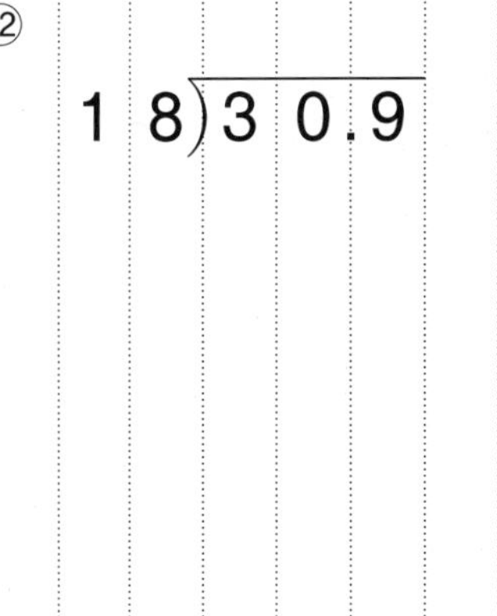

➡ ______________

나누어떨어지지 않을 때는 몫을 어림해서 나타낼 수도 있어.

⑬ $9\overline{)7.1}$

→ ______________

⑭ $3\overline{)13.3}$

→ ______________

⑮ $7\overline{)38.9}$

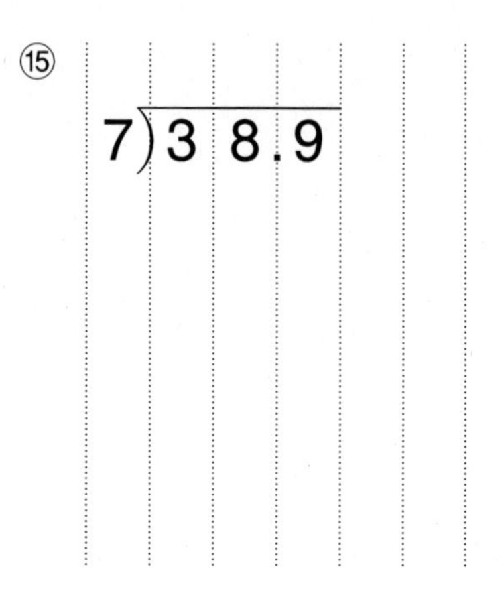

→ ______________

⑯ $6\overline{)48.5}$

→ ______________

⑰ $14\overline{)24.4}$

→ ______________

⑱ $13\overline{)82.2}$

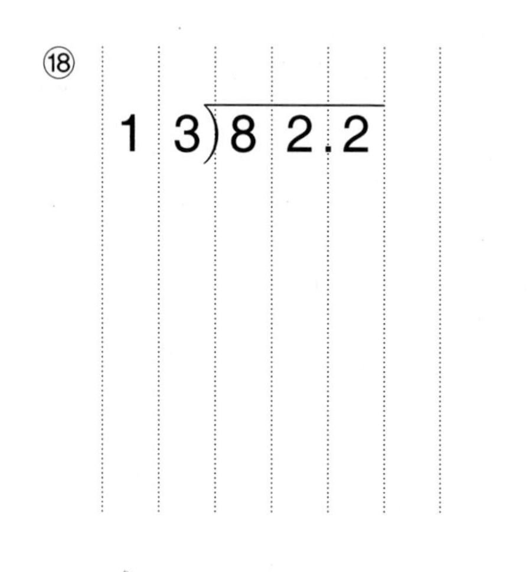

→ ______________

곱셈식의 □는 나눗셈식을 이용해서 구해!

# 13 모르는 수 구하기

● □ 안에 알맞은 수를 써 보세요.

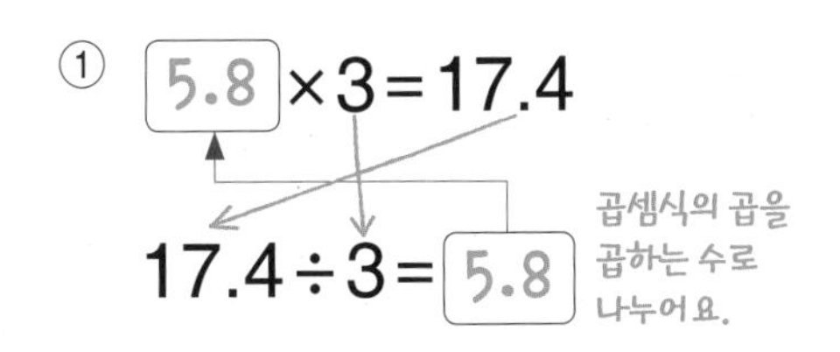

① 5.8 ×3=17.4

17.4÷3= 5.8

곱셈식의 곱을 곱하는 수로 나누어요.

② □×4=6.28

6.28÷4=□

③ □×9=7.56

7.56÷9=□

④ □×8=33.2

33.2÷8=□

⑤ □×5=10.45

10.45÷5=□

⑥ 6×□=15.6

15.6÷6=□

곱셈식의 곱을 곱해지는 수로 나누어요.

⑦ 8×□=29.92

29.92÷8=□

⑧ 7×□=1.96

1.96÷7=□

⑨ 5×□=43.1

43.1÷5=□

⑩ 4×□=28.2

28.2÷4=□

계산할 수 있는 □부터 차례대로 알아봐!

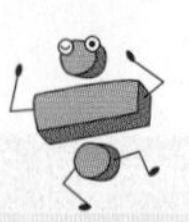

# 14 나눗셈식 완성하기

● □ 안에 알맞은 수를 써 보세요.

① 4)13.6 → 3.4 (㉠=3, ㉡=16, ㉢=6, ㉣=6)
12 / 16 / 16 / 0

• 4×㉠=12, ㉠=3
• 4×4=㉡, ㉡=16
• 1㉢−16=0, ㉢=6
• ㉣=㉢=6

② 7)□7.□ → 2.□
1□ / 3□ / 35 / 0

③ 9)6□.54 → 7.□□
6□ / □4 / 54 / 0

④ 2)39.□ → □9.□
2 / 19 / 1□ / 1□ / 16 / 0

⑤ 5)17.□ → 3.4□
1□ / 2□ / 20 / 1□ / 10 / 0

⑥ □)3□.□ → 5.9
30 / □4 / 5□ / 0

⑦ 4)2□.□8 → 6.□2
24 / 32 / 3□ / □ / 8 / 0

⑧ 8)32.□ → □.□5
32 / □0 / □0 / 0

⑨ 2)1□.7 → 7.□□
14 / 7 / 6 / 1□ / 1□ / 0

곱셈과 나눗셈의 관계를 생각해서 나눗셈식을 만들어 봐.

# 15 내가 만든는 나눗셈식

● 몫이 다음과 같도록 (소수)÷(자연수)의 식을 완성해 보세요. (단, 답은 여러 가지가 될 수 있습니다.)

① 예) 4.8 ÷ 2 =2.4

❶ 2.4의 몇 배가 되는 수를 생각해 봐요.
❷ 2.4×2=4.8 → 4.8÷2=2.4

② ______ ÷ ______ =0.6

③ ______ ÷ ______ =0.8

④ ______ ÷ ______ =0.5

⑤ ______ ÷ ______ =1.3

⑥ ______ ÷ ______ =3.2

⑦ ______ ÷ ______ =1.5

⑧ ______ ÷ ______ =2.6

⑨ ______ ÷ ______ =0.07

⑩ ______ ÷ ______ =0.03

⑪ ______ ÷ ______ =0.12

⑫ ______ ÷ ______ =0.24

⑬ ______ ÷ ______ =1.04

⑭ ______ ÷ ______ =2.13

⑮ ______ ÷ ______ =3.24

⑯ ______ ÷ ______ =5.21

# ÷6 (자연수)÷(자연수)를 소수로 나타내기

## 자연수의 뒤에 소수점을 찍고 0을 써.

❶

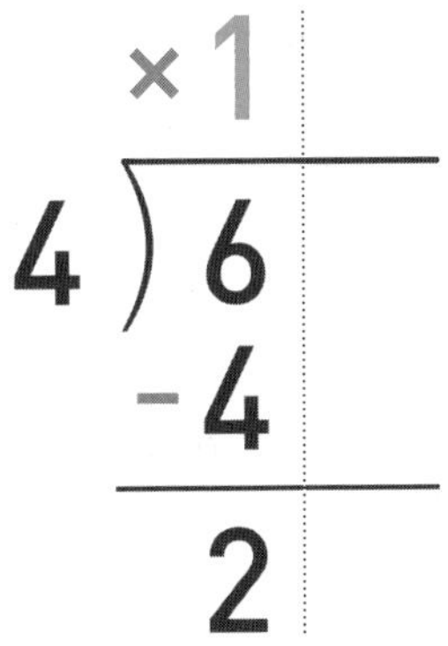

×1
4 ) 6
-4
2

4×1=4이므로
몫의 자연수에
1을 씁니다.

❷

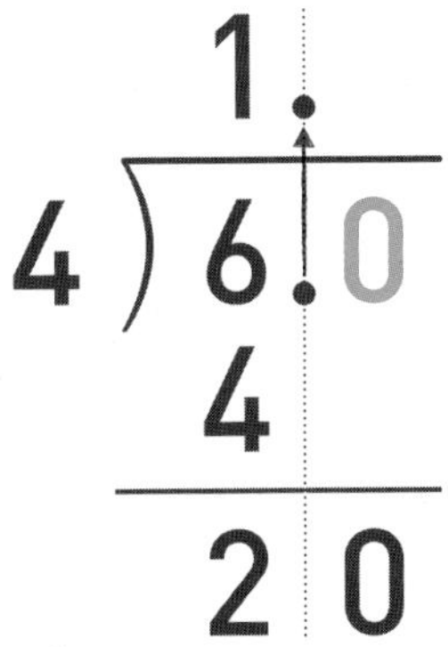

1.
4 ) 6.0
4
20

나누어지는 자연수
뒤에 소수점을 찍고
오른쪽 끝자리에 0이
계속 있는 것으로 생각합니다.
몫의 소수점은 자연수
바로 뒤에서 올려 찍습니다.

❸

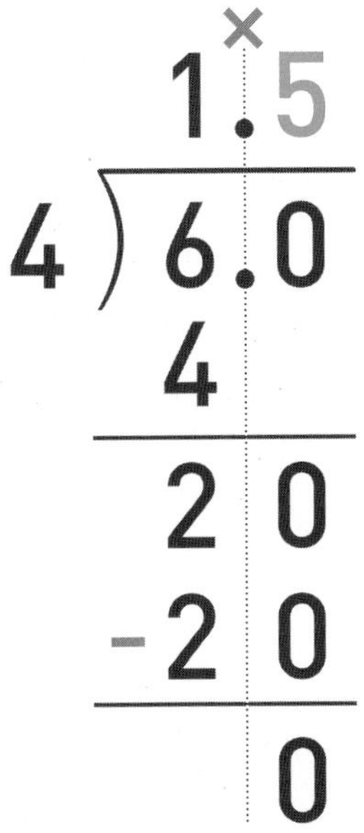

×
1.5
4 ) 6.0
4
20
-20
0

4×5=20이므로
몫의 소수 첫째 자리에
5를 씁니다.

분수로 바꾼 다음 분모를 10, 100으로 나타내!

# 01 분수로 바꾸어 계산하기

● 몫을 분모가 10, 100인 분수로 바꾸어 계산한 후 소수로 나타내 보세요.

① 나누어지는 수는 분자로

$1 \div 2 = \frac{1}{2} = \frac{1 \times 5}{2 \times 5} = \frac{5}{10} = 0.5$

나누는 수는 분모로　분모와 분자에 5를 곱해 분모가 10인 분수로 바꿉니다.

② $2 \div 5 = \frac{2}{5} = \frac{2 \times \square}{5 \times \square} = \frac{\square}{\square} = \square$

③ $1 \div 4 = \frac{1}{4} = \frac{1 \times \square}{4 \times \square} = \frac{\square}{\square} = \square$

분모와 분자에 25를 곱해 분모가 100인 분수로 바꿉니다.

④ $3 \div 20 = \frac{3}{20} = \frac{3 \times \square}{20 \times \square} = \frac{\square}{\square} = \square$

⑤ $7 \div 2 = \frac{7}{2} = \frac{7 \times \square}{2 \times \square} = \frac{\square}{\square} = \square$

⑥ $11 \div 50 = \frac{11}{50} = \frac{11 \times \square}{50 \times \square} = \frac{\square}{\square} = \square$

⑦ $9 \div 25 = \frac{9}{25} = \frac{9 \times \square}{25 \times \square} = \frac{\square}{\square} = \square$

⑧ $4 \div 5 = \frac{4}{5} = \frac{4 \times \square}{5 \times \square} = \frac{\square}{\square} = \square$

⑨ $5 \div 2 = \frac{5}{2} = \frac{5 \times \square}{2 \times \square} = \frac{\square}{\square} = \square$

⑩ $3 \div 4 = \frac{3}{4} = \frac{3 \times \square}{4 \times \square} = \frac{\square}{\square} = \square$

⑪ $1 \div 50 = \frac{1}{50} = \frac{1 \times \square}{50 \times \square} = \frac{\square}{\square} = \square$

⑫ $13 \div 20 = \frac{13}{20} = \frac{13 \times \square}{20 \times \square} = \frac{\square}{\square} = \square$

⑬ $17 \div 2 = \frac{17}{2} = \frac{17 \times \square}{2 \times \square} = \frac{\square}{\square} = \square$

⑭ $7 \div 25 = \frac{7}{25} = \frac{7 \times \square}{25 \times \square} = \frac{\square}{\square} = \square$

⑮ $21 \div 50 = \frac{21}{50} = \frac{21 \times \square}{50 \times \square} = \frac{\square}{\square} = \square$

⑯ $6 \div 5 = \frac{6}{5} = \frac{6 \times \square}{5 \times \square} = \frac{\square}{\square} = \square$

⑰ $19 \div 20 = \frac{19}{20} = \frac{19 \times \square}{20 \times \square} = \frac{\square}{\square} = \square$

⑱ $11 \div 4 = \frac{11}{4} = \frac{11 \times \square}{4 \times \square} = \frac{\square}{\square} = \square$

⑲ $15 \div 2 = \frac{15}{2} = \frac{15 \times \square}{2 \times \square} = \frac{\square}{\square} = \square$

⑳ $3 \div 25 = \frac{3}{25} = \frac{3 \times \square}{25 \times \square} = \frac{\square}{\square} = \square$

㉑ $43 \div 20 = \frac{43}{20} = \frac{43 \times \square}{20 \times \square} = \frac{\square}{\square} = \square$

자연수의 나눗셈처럼 계산한 후 소수점을 바르게 찍어!

# 02 자연수의 나눗셈으로 알아보기

● 자연수의 나눗셈을 하고 몫이 소수인 나눗셈을 해 보세요.

① $15\overline{)30}$ → 2 (30, 0)　　$15\overline{)3}$ → 0.2 (3.0, 30, 0)

❶ 나누어지는 자연수 뒤에 소수점을 찍고 오른쪽 끝자리에 0을 써요.

❷ 소수점을 그대로 몫에 올려 찍어요.

② $2\overline{)30}$　　$2\overline{)3}$

③ $5\overline{)10}$　　$5\overline{)1}$

④ $4\overline{)500}$　　$4\overline{)5}$

⑤ $8\overline{)200}$　　$8\overline{)2}$

⑥ $20\overline{)700}$　　$20\overline{)7}$

⑦ $5\overline{)140}$ $5\overline{)14}$

⑧ $12\overline{)300}$ $12\overline{)3}$

⑨ $4\overline{)700}$ $4\overline{)7}$

⑩ 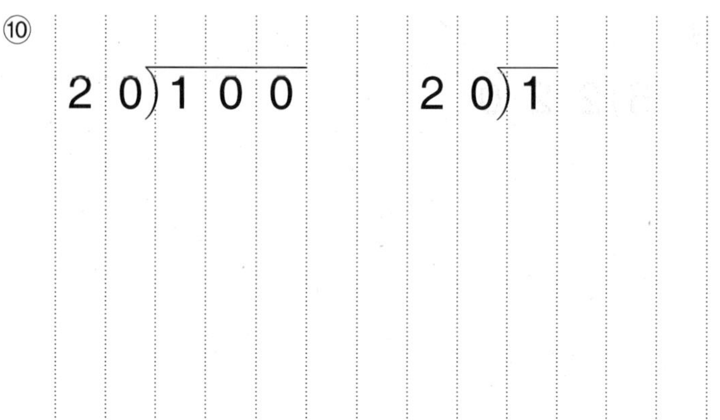
$20\overline{)100}$ $20\overline{)1}$

⑪ 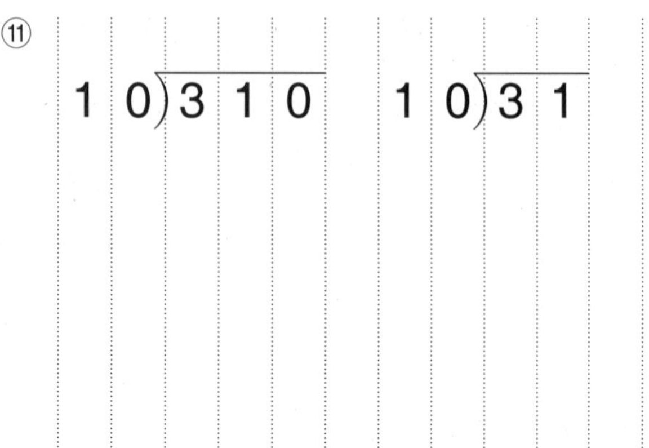
$10\overline{)310}$ $10\overline{)31}$

⑫ 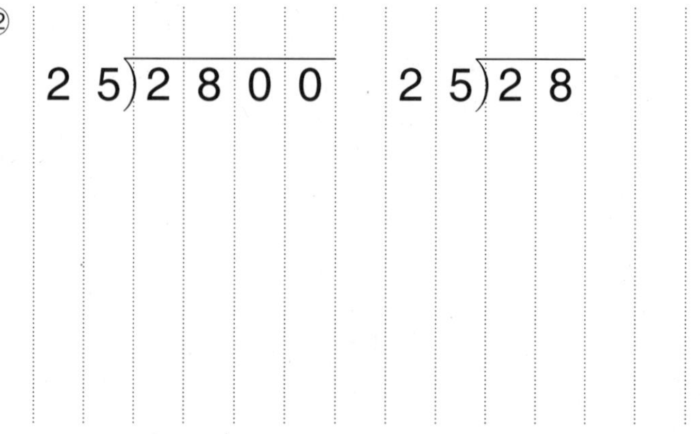
$25\overline{)2800}$ $25\overline{)28}$

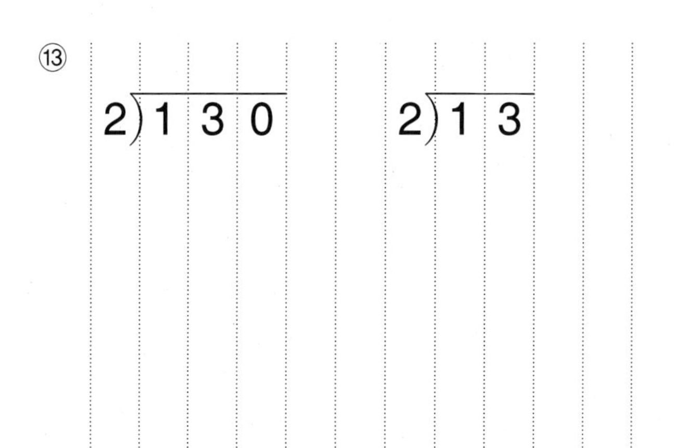

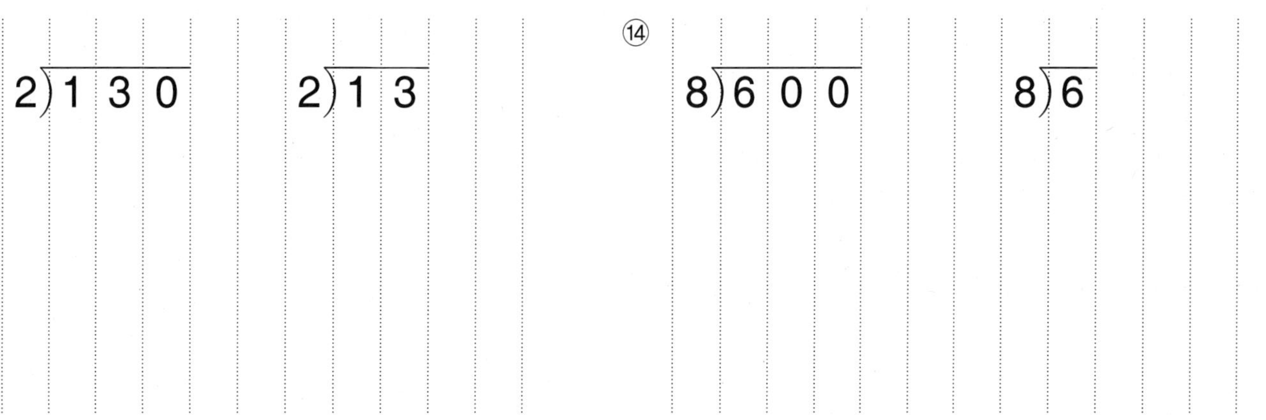

⑬ $2\overline{)1\ 3\ 0}$ $2\overline{)1\ 3}$

⑭ $8\overline{)6\ 0\ 0}$ $8\overline{)6}$

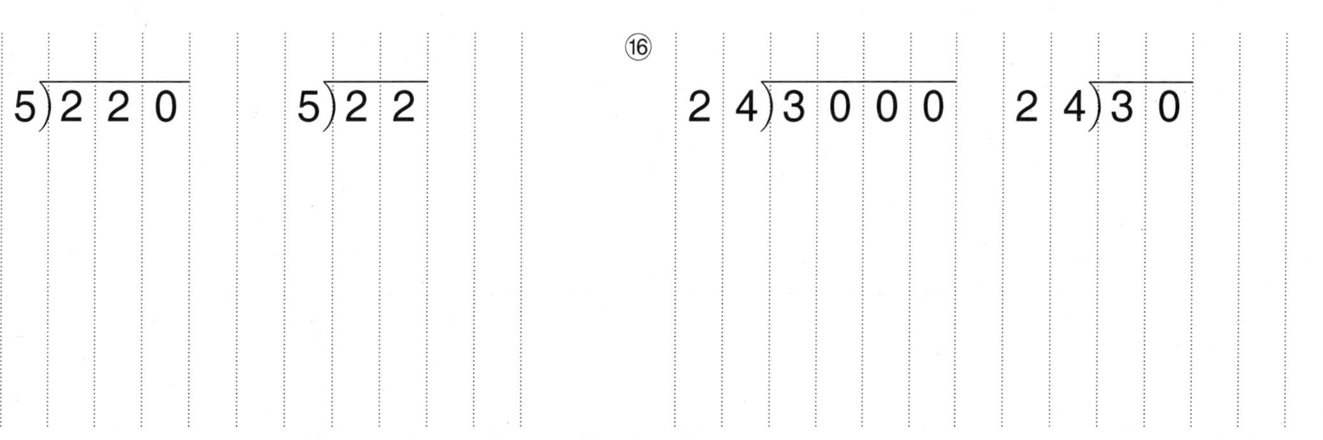

⑮ $5\overline{)2\ 2\ 0}$ $5\overline{)2\ 2}$

⑯ $2\ 4\overline{)3\ 0\ 0\ 0}$ $2\ 4\overline{)3\ 0}$

⑰ $2\ 0\overline{)9\ 0\ 0}$ $2\ 0\overline{)9}$

⑱ $4\ 0\overline{)5\ 4\ 0\ 0}$ $4\ 0\overline{)5\ 4}$

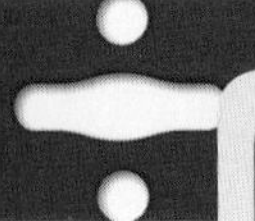



# 03 세로셈

몫의 소수점 위치는 나누어지는 자연수 뒤 소수점 위치와 같아!

● 나눗셈의 몫을 소수로 구해 보세요.

① $5\overline{)3.0}$ → 몫 0.6, 30, 0

❶ 나누어지는 자연수 뒤에 소수점을 찍고 오른쪽 끝자리에 0을 써요.
❷ 소수점을 그대로 몫에 올려 찍어요.

② $2\overline{)9}$

③ $15\overline{)18}$

④ $4\overline{)2}$

⑤ $16\overline{)4}$

⑥ $6\overline{)21}$

⑦ $50\overline{)3}$

⑧ $20\overline{)9}$

⑨ $25\overline{)36}$

⑩

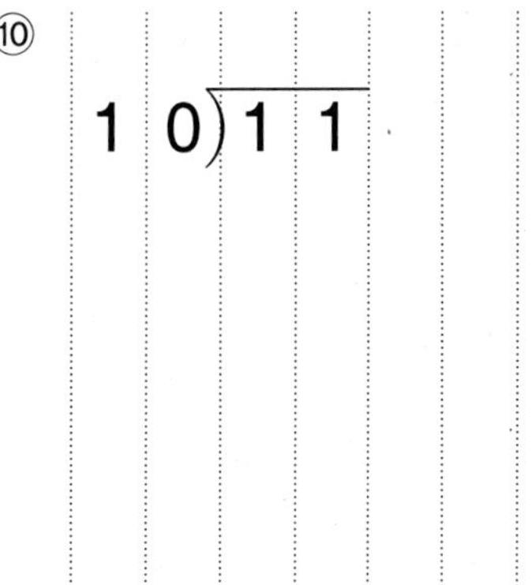

$10\overline{)11}$

⑪ $5\overline{)12}$

⑫

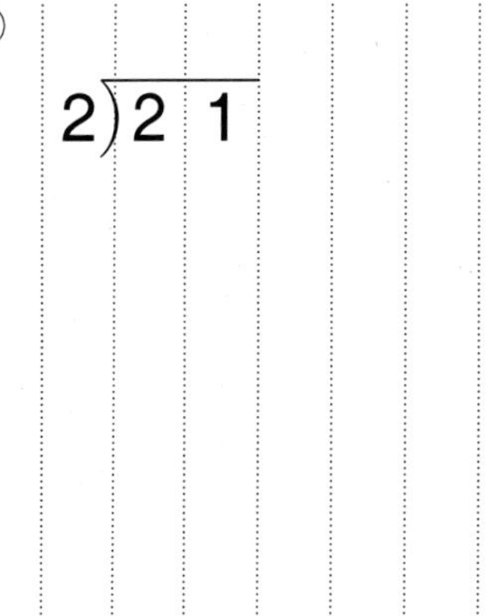

$2\overline{)21}$

⑬ $15\overline{)9}$

⑭ $12\overline{)15}$

⑮ $50\overline{)14}$

⑯

$4\overline{)15}$

⑰ $25\overline{)11}$

⑱

$8\overline{)10}$

⑲ $20\overline{)4}$

⑳ $8\overline{)12}$

㉑ $5\overline{)8}$

㉒ $4\overline{)9}$

㉓ $6\overline{)33}$

㉔ $20\overline{)21}$

㉕ $8\overline{)14}$

㉖ $25\overline{)6}$

㉗ $50\overline{)23}$

# 04 가로셈

세로셈으로 나타내면 계산하기 쉬워.

● 세로셈으로 쓰고 나눗셈의 몫을 소수로 구해 보세요.

① 11÷2

```
     5.5
2 ) 11.0
    10
     10
     10
      0
```

❶ 11=11.0
❷ 110÷2=55
❸ 나누어지는 수에 맞추어 소수점을 찍어요.

② 3÷6

③ 7÷5

④ 7÷10

⑤ 11÷20

⑥ 13÷4

⑦ 6÷24

⑧ 1÷25

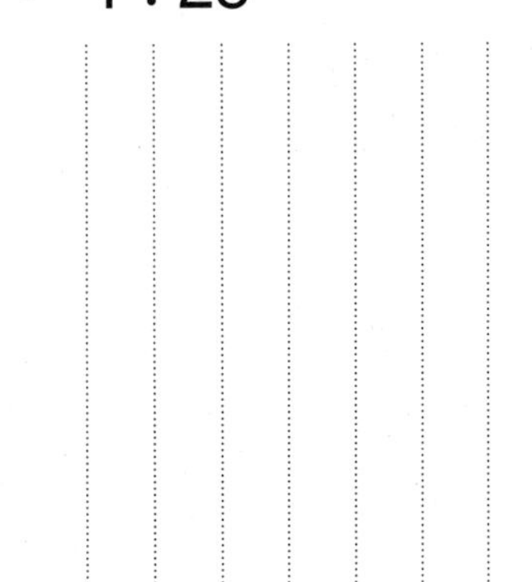

⑨ 59÷50

⑩ $6 \div 4$

⑪ $4 \div 8$

⑫ $25 \div 2$

⑬ $12 \div 16$

⑭ $17 \div 20$

⑮ $27 \div 15$

⑯ $69 \div 50$

⑰ $14 \div 40$

⑱ $31 \div 25$

# 05 정해진 수로 나누기

● 나눗셈의 몫을 구해 보세요.

① 4로 나누어 보세요. 나누어지는 수가 $\frac{1}{10}$이 되면 몫도 $\frac{1}{10}$이 돼요.

$$\begin{array}{r} 25 \\ 4\overline{)100} \\ 8\phantom{0} \\ \hline 20 \\ 20 \\ \hline 0 \end{array} \qquad \begin{array}{r} 2.5 \\ 4\overline{)10.0} \\ 8\phantom{.0} \\ \hline 2\,0 \\ 2\,0 \\ \hline 0 \end{array} \qquad \begin{array}{r} 0.25 \\ 4\overline{)1.00} \\ 8\phantom{0} \\ \hline 20 \\ 20 \\ \hline 0 \end{array} \qquad \begin{array}{r} \\ \overline{)0.1} \end{array}$$

② 8로 나누어 보세요.

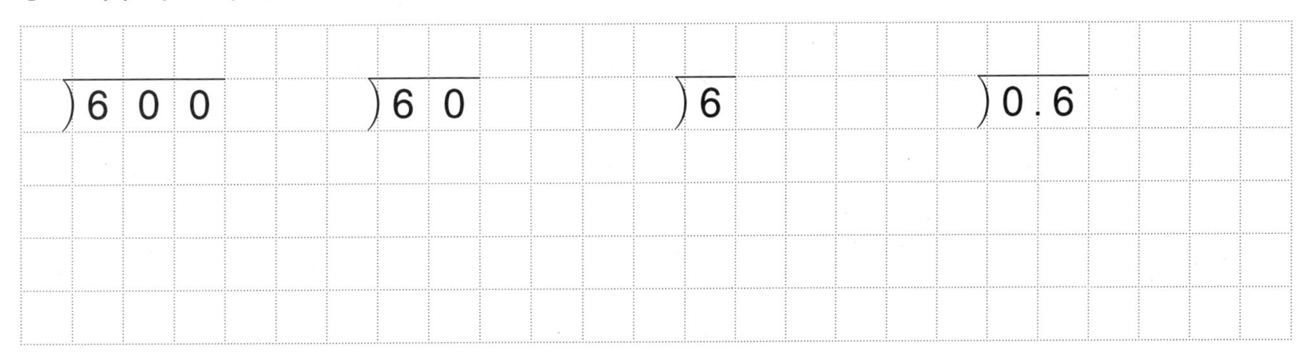


③ 20으로 나누어 보세요.

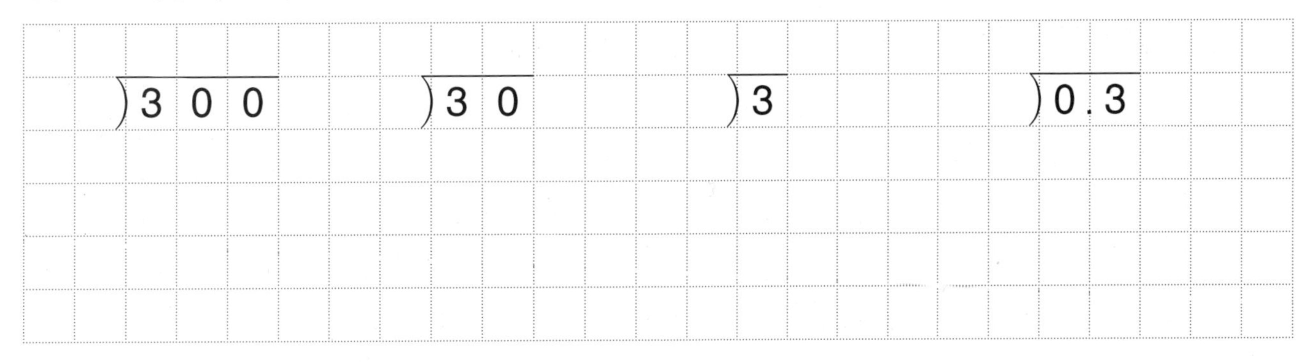

④ 16으로 나누어 보세요.

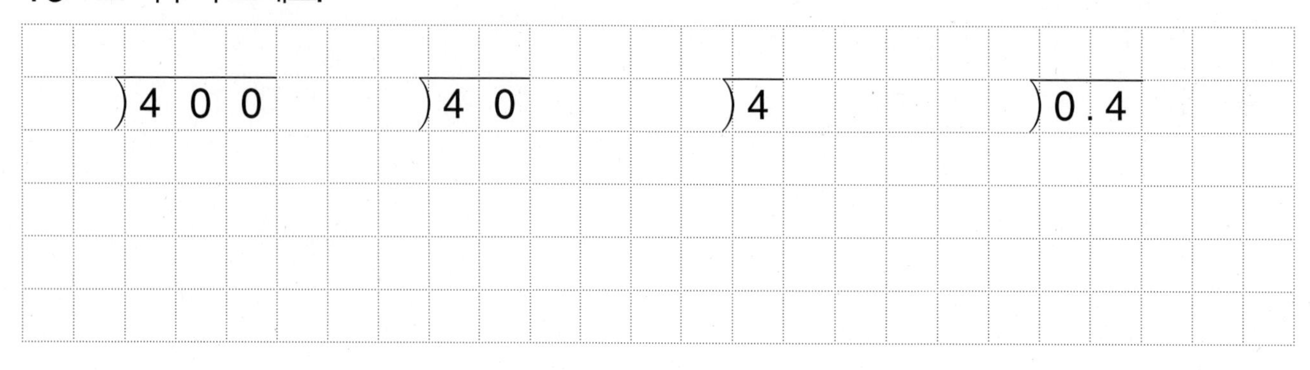


⑤ 25로 나누어 보세요.

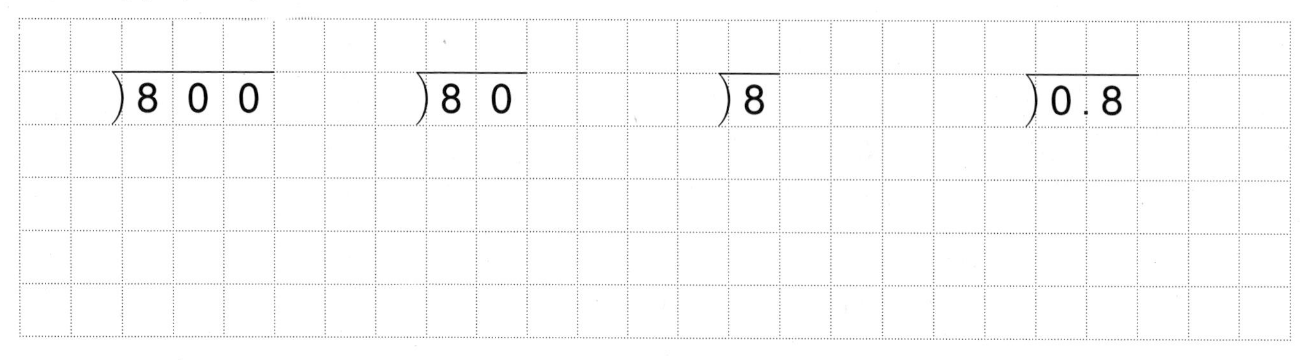


⑥ 12로 나누어 보세요.

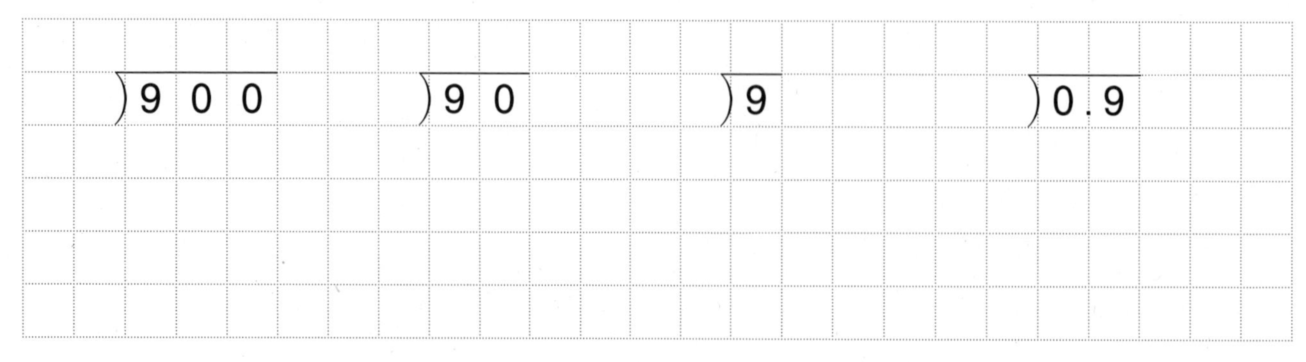

# 06 모르는 수 구하기

● □ 안에 알맞은 수를 써 보세요.

① $\boxed{1.8} \times 5 = 9$

$9 \div 5 = \boxed{1.8}$

곱셈식의 곱을 곱하는 수로 나누어요.

② $\square \times 15 = 6$

$6 \div 15 = \square$

③ $\square \times 2 = 7$

$7 \div 2 = \square$

④ $\square \times 20 = 17$

$17 \div 20 = \square$

⑤ $\square \times 40 = 10$

$10 \div 40 = \square$

⑥ $5 \times \square = 4$

$4 \div 5 = \square$

곱셈식의 곱을 곱해지는 수로 나누어요.

⑦ $4 \times \square = 3$

$3 \div 4 = \square$

⑧ $6 \times \square = 9$

$9 \div 6 = \square$

⑨ $25 \times \square = 13$

$13 \div 25 = \square$

⑩ $50 \times \square = 49$

$49 \div 50 = \square$

나누어떨어지게 나누어지는 수를 고쳐 어림해!

# 07 어림하여 몫의 소수점의 위치 찾기

● 어림하여 몫의 소수점의 위치를 찾아 소수점을 찍어 보세요.

① 58÷5

58과 가까운 수 중 5로 나누어떨어지는 수로 어림하여 계산해요.

어림 (예) 60 ÷5 ➡ 약 12

몫 1□1.6

1.16과 11.6 중에서 어림한 결과인 약 12에 더 가까운 것은 11.6이에요.

② 21÷4

어림 □÷4 ➡ 약 □

몫 5□2□5

③ 27÷12

어림 □÷12 ➡ 약 □

몫 2□2□5

④ 38÷8

어림 □÷8 ➡ 약 □

몫 4□7□5

⑤ 99÷6

어림 □÷6 ➡ 약 □

몫 1□6□5

⑥ 26÷25

어림 □÷25 ➡ 약 □

몫 1□0□4

⑦ 45÷20

어림 □÷20 ➡ 약 □

몫 2□2□5

⑧ 93÷12

어림 □÷12 ➡ 약 □

몫 7□7□5

⑨ 92÷16

어림 □÷16 ➡ 약 □

몫 5□7□5

⑩ 31÷2

어림 □÷2 ➡ 약 □

몫 1□5□5

⑪ 27÷20

어림 □÷20 ➡ 약 □

몫 1□3□5

⑫ 62÷5

어림 □÷5 ➡ 약 □

몫 1□2□4

⑬ 75÷4

어림 □÷4 ➡ 약 □

몫 1□8□7□5

⑭ 95÷20

어림 □÷20 ➡ 약 □

몫 4□7□5

⑮ 45÷2

어림 □÷2 ➡ 약 □

몫 2□2□5

⑯ 75÷6

어림 □÷6 ➡ 약 □

몫 1□2□5

⑰ 81÷12

어림 □÷12 ➡ 약 □

몫 6□7□5

⑱ 90÷8

어림 □÷8 ➡ 약 □

몫 1□1□2□5

⑲ 78÷24

어림 □÷24 ➡ 약 □

몫 3□2□5

33 ÷ 4 ➡ 8□2□5

어림 32 ÷ 4 = 8

32로 어림하여 계산하면 몫은 8에 더 가까워!

몫 8.25 ~~82.5~~

나눗셈의 몫이 맞는 식을 따라 가 볼까?

# 08 길 찾기

● 바르게 계산한 식을 따라 선으로 이어 보세요.

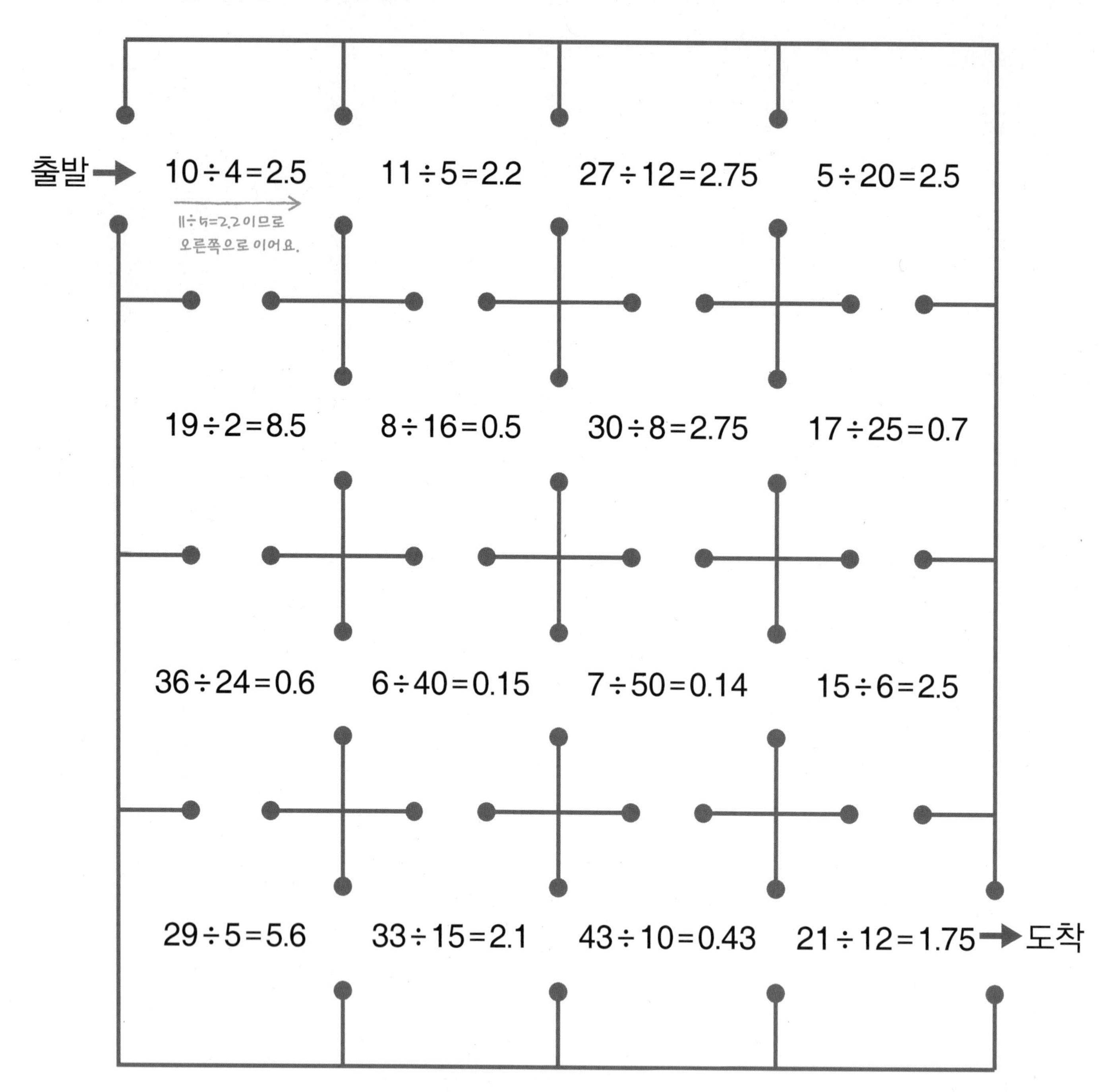

알파벳 대신에 수를 넣어 계산해.

# 09 알파벳으로 나눗셈하기

● 알파벳을 다음과 같이 약속할 때 나눗셈을 하여 몫을 구해 보세요.

| | | | | |
|---|---|---|---|---|
| A=8 | B=20 | C=6 | D=15 | E=5 |
| F=25 | G=12 | H=9 | I=18 | J=2 |
| K=10 | L=21 | M=36 | N=16 | O=45 |

① A÷B=8÷20=0.4 (A: 8, B: 20)

② C÷E= (C: 6, E: 5)

③ G÷D=

④ L÷F=

⑤ H÷M=

⑥ I÷A=

⑦ E÷J=

⑧ M÷K=

⑨ J÷F=

⑩ B÷N=

⑪ O÷F=

⑫ L÷G=

# 7 비와 비율

## 비는 비교하는 양의 크기를 기준량에 비추어 생각한 거야.

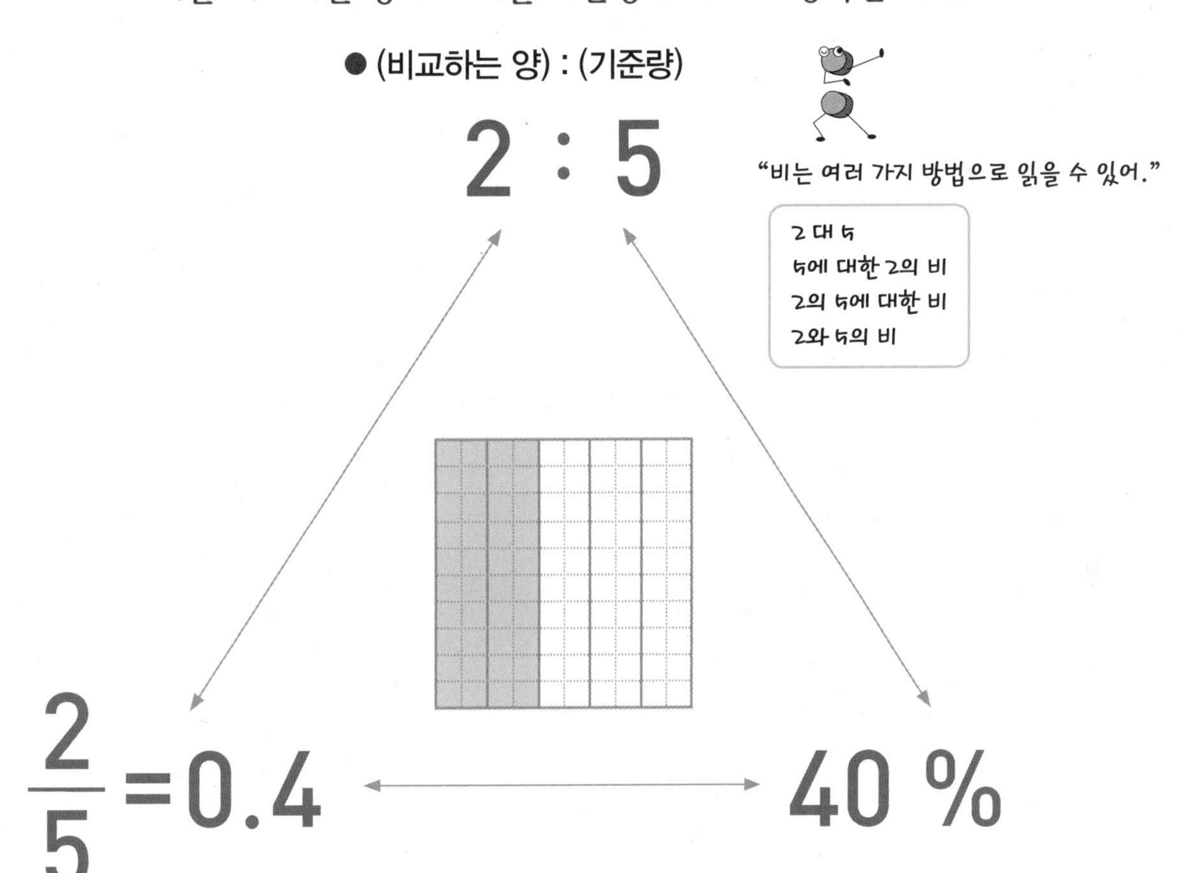


### 비율은 비교하는 양을 기준량으로 나눈 몫

● $(\text{비율})=\dfrac{(\text{비교하는 양})}{(\text{기준량})}$

$2:5 \Rightarrow \dfrac{2}{5}$

$\Rightarrow \dfrac{4}{10}=0.4$

“비율은 분수나 소수로 나타낼 수 있어.”

### 백분율은 기준량을 100으로 볼 때 비교하는 양

● $(\text{백분율})\ (\%)=(\text{비율})\times 100$

$\dfrac{2}{5}\times 100=40\ (\%)$

$0.4\times 100=40\ (\%)$

“비율에 100을 곱하고 % 기호를 붙여!”

비는 비교하는 양의 크기를 기준량에 비추어 생각한 거야.

# 01 비교하는 양, 기준량 알아보기

● 비를 보고 비교하는 양과 기준량을 구분하여 써 보세요.

| 비 | 비교하는 양 | 기준량 |
|---|---|---|
| ① 4:5 (4 ← 비교하는 양, 5 ← 기준량) | 4 | 5 |
| ② 3:2 | | |
| ③ 5 대 6 (5 ← 비교하는 양, 6 ← 기준량) | | |
| ④ 7 대 3 | | |
| ⑤ 12에 대한 5의 비 (12 ← 기준량, 5 ← 비교하는 양) | | |
| ⑥ 3에 대한 4의 비 | | |
| ⑦ 4의 3에 대한 비 (4 ← 비교하는 양, 3 ← 기준량) | | |
| ⑧ 6의 7에 대한 비 | | |
| ⑨ 8과 17의 비 (8 ← 비교하는 양, 17 ← 기준량) | | |
| ⑩ 22와 9의 비 | | |

| 비 | 비교하는 양 | 기준량 |
|---|---|---|
| ⑪ 8 : 1 | | |
| ⑫ 2 대 5 | | |
| ⑬ 20에 대한 11의 비 | | |
| ⑭ 3의 13에 대한 비 | | |
| ⑮ 5와 8의 비 | | |
| ⑯ 16 : 13 | | |
| ⑰ 8 대 25 | | |
| ⑱ 4에 대한 19의 비 | | |
| ⑲ 7의 16에 대한 비 | | |
| ⑳ 9와 7의 비 | | |

칸 수를 세어서 전체 넓이에 대한 색칠한 부분의 넓이를 생각해 봐.

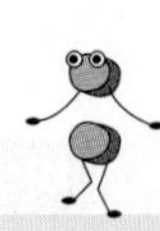

# 02 색칠한 부분의 비 구하기

● 정사각형에서 전체에 대한 색칠한 부분의 비를 구해 보세요.

①

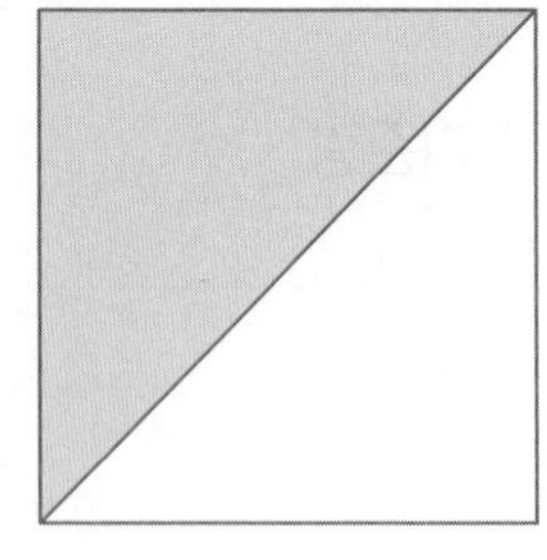

1 : 2

색칠한 부분 1조각 / 전체 2조각

②

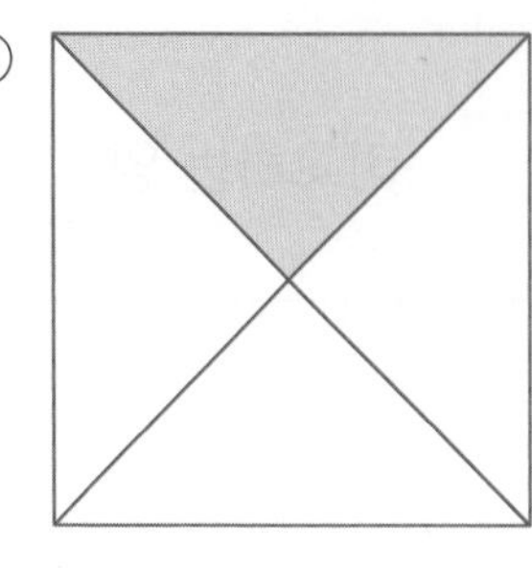

_____ : _____

③

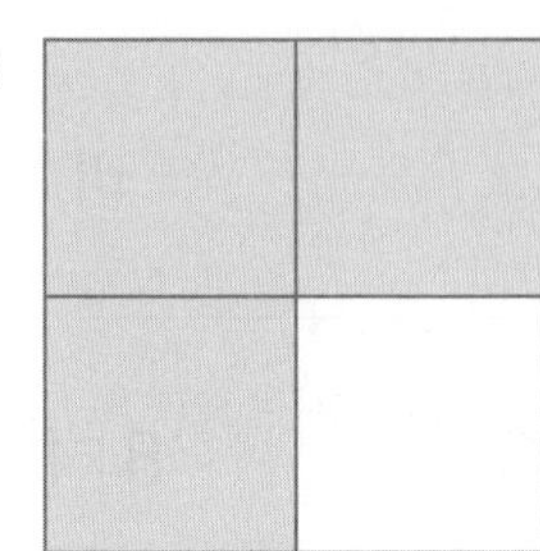

_____ : _____

④

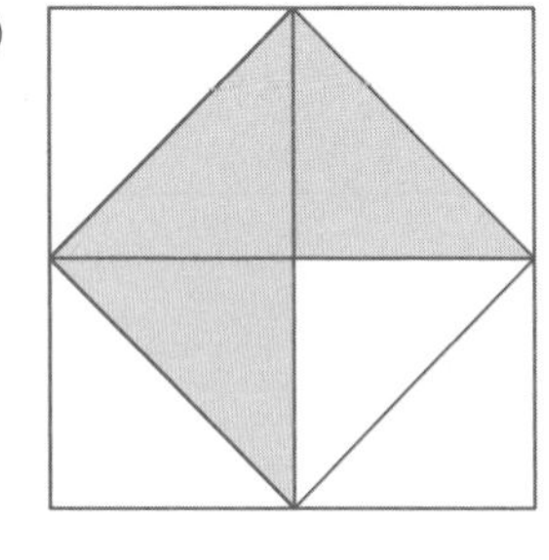

_____ : _____

⑤

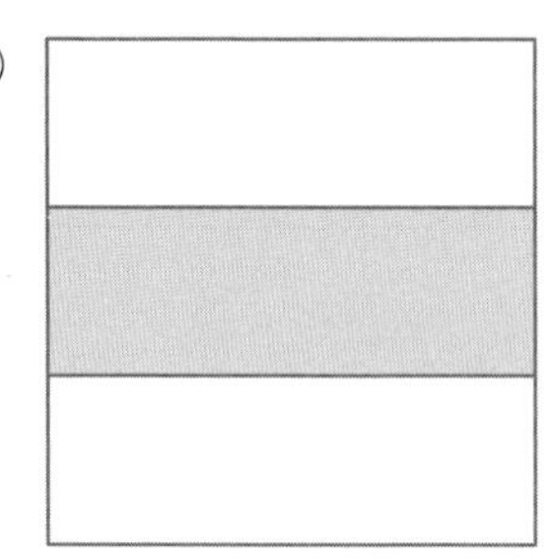

_____ : _____

⑥

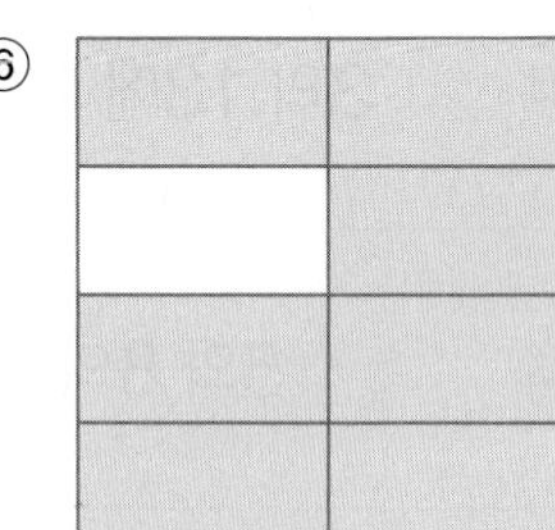

_____ : _____

⑦

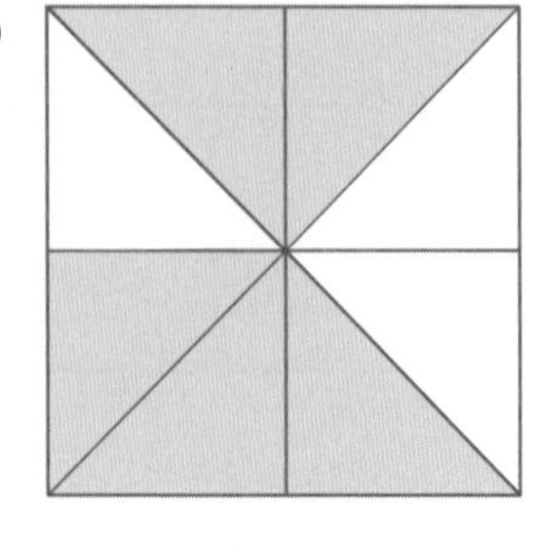

_____ : _____

⑧

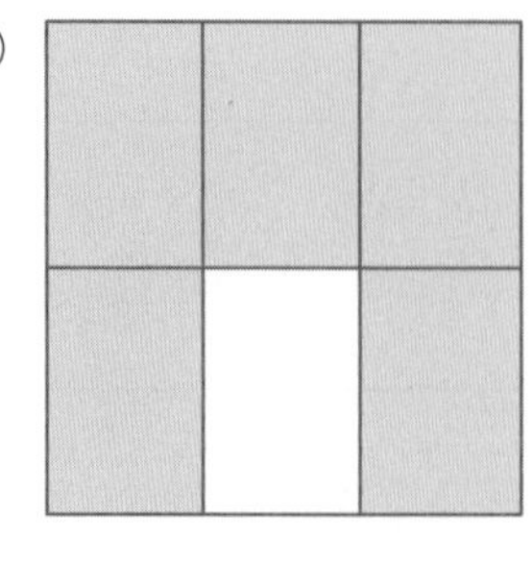

_____ : _____

⑨

_____ : _____

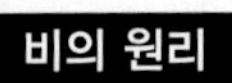


기준량이 달라지면 비교하는 양이 같아도 비가 달라져.

# 03 간 거리의 비 구하기

● 자동차의 위치를 보고 거리의 비를 구해 보세요.

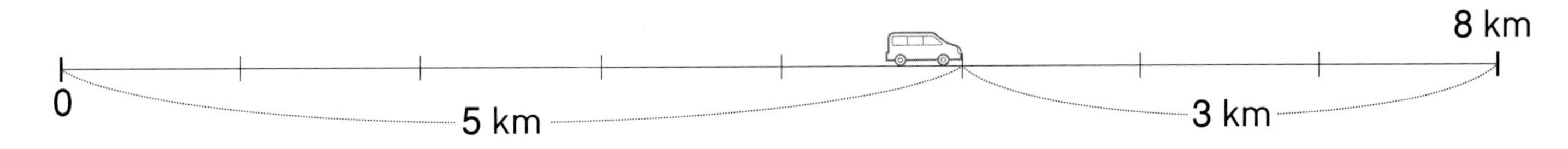


① (간 거리) : (남은 거리)= 5 : 3 , (간 거리) : (전체 거리)= ______ : ______

비교하는 양 기준량

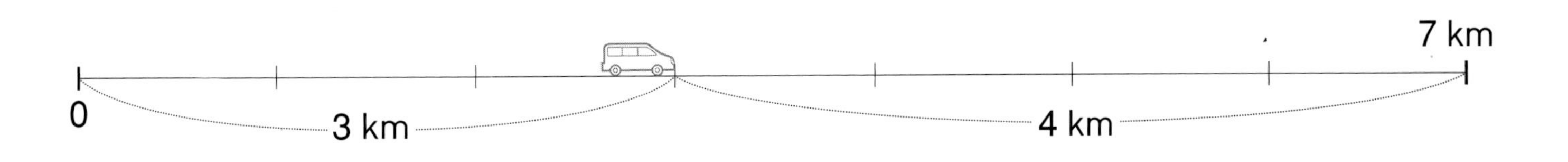


② (간 거리) : (남은 거리)= ______ : ______ , (간 거리) : (전체 거리)= ______ : ______

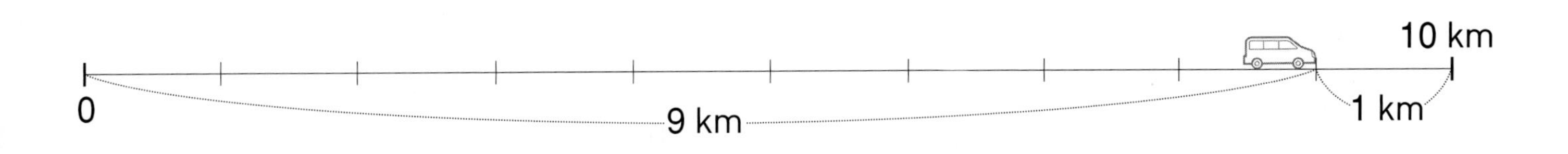


③ (간 거리) : (남은 거리)= ______ : ______ , (간 거리) : (전체 거리)= ______ : ______

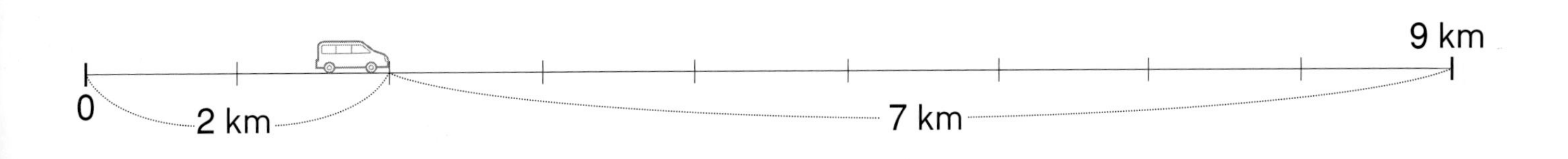


④ (간 거리) : (남은 거리)= ______ : ______ , (간 거리) : (전체 거리)= ______ : ______

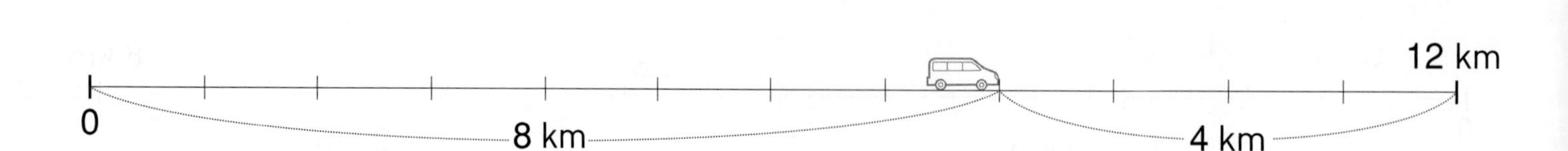


⑤ (간 거리) : (남은 거리)= ______ : ______, (간 거리) : (전체 거리)= ______ : ______

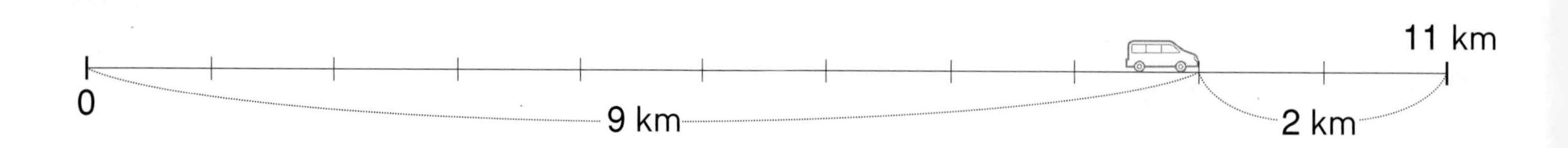


⑥ (간 거리) : (남은 거리)= ______ : ______, (간 거리) : (전체 거리)= ______ : ______

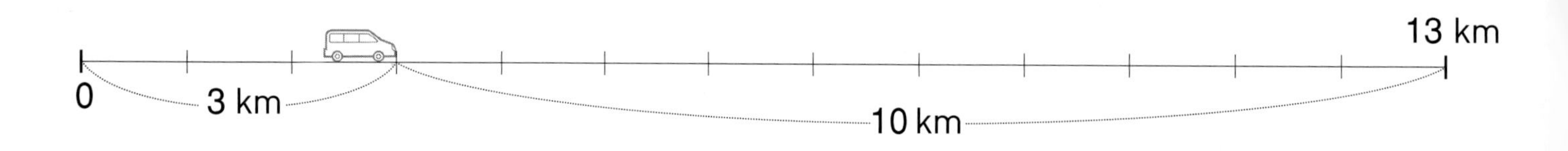


⑦ (간 거리) : (남은 거리)= ______ : ______, (간 거리) : (전체 거리)= ______ : ______

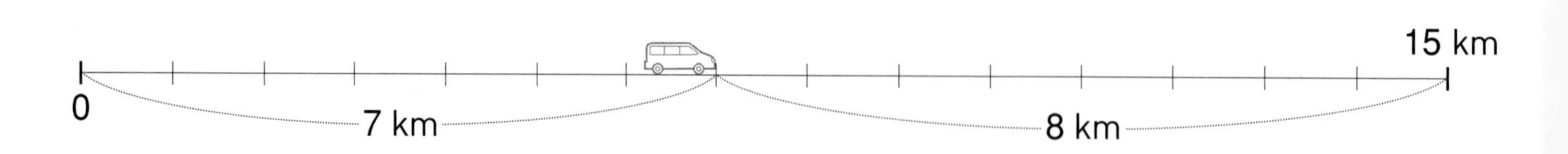


⑧ (간 거리) : (남은 거리)= ______ : ______, (간 거리) : (전체 거리)= ______ : ______

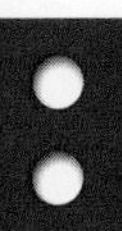

비율의 원리

# 04 비율로 나타내기

● 비를 보고 비율을 각각 기약분수와 소수로 나타내 보세요.

| | 비 | 비율 | |
|---|---|---|---|
| | | 분수 | 소수 |
| ① | 1 : 2 | 비교하는 양 → 1, 기준량 → 2: $\frac{1}{2}$ | ❶ 분수로 나타낸 비율을 소수로 나타내요. $\frac{1}{2}=\frac{5}{10}=0.5$ ❷ 직접 나누어서 구할 수도 있어요. 1÷2=0.5 |
| ② | 3 : 10 | | |
| ③ | 1 대 5 (1: 비교하는 양, 5: 기준량) | | |
| ④ | 4 대 5 | | |
| ⑤ | 5에 대한 4의 비 (5: 기준량, 4: 비교하는 양) | | |
| ⑥ | 20에 대한 7의 비 | | |
| ⑦ | 3의 4에 대한 비 (3: 비교하는 양, 4: 기준량) | | |
| ⑧ | 9의 10에 대한 비 | | |
| ⑨ | 6과 25의 비 (6: 비교하는 양, 25: 기준량) | | |
| ⑩ | 24와 25의 비 | | |

| | 비 | 비율 | |
|---|---|---|---|
| | | 분수 | 소수 |
| ⑪ | 4 : 10 | $\frac{2}{5}$ | |
| ⑫ | 8 대 40 | | |
| ⑬ | 15에 대한 12의 비 | | |
| ⑭ | 12의 50에 대한 비 | | |
| ⑮ | 14와 20의 비 | | |
| ⑯ | 7 : 28 | | |
| ⑰ | 50 대 100 | | |
| ⑱ | 25에 대한 10의 비 | | |
| ⑲ | 3의 30에 대한 비 | | |
| ⑳ | 22와 40의 비 | | |

| 비 | 비율 | |
|---|---|---|
| | 분수 | 소수 |
| ㉑ 11과 10의 비 | | |
| ㉒ 19 대 20 | | |
| ㉓ 35에 대한 21의 비 | | |
| ㉔ 16의 20에 대한 비 | | |
| ㉕ 12와 40의 비 | | |
| ㉖ 24 : 30 | | |
| ㉗ 13의 25에 대한 비 | | |
| ㉘ 24 대 32 | | |
| ㉙ 50에 대한 59의 비 | | |
| ㉚ 84의 100에 대한 비 | | |

# 05 여러 가지 비율 구하기

● 비의 비율을 기약분수 또는 자연수로 나타내 보세요.

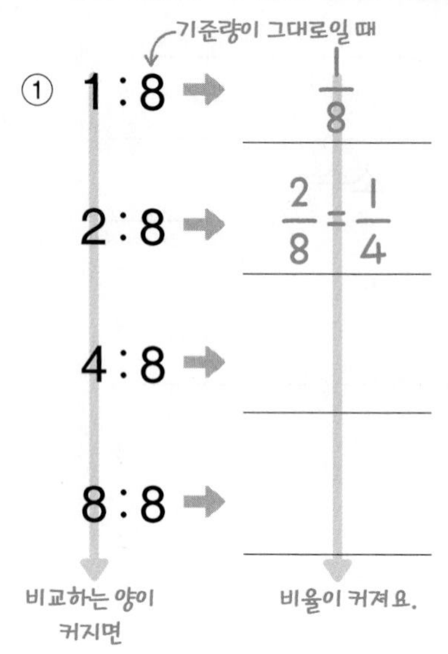


① 1 : 8 ➡ $\frac{1}{8}$

2 : 8 ➡ $\frac{2}{8}=\frac{1}{4}$

4 : 8 ➡ ______

8 : 8 ➡ ______

② 1 : 6 ➡ ______

2 : 6 ➡ ______

3 : 6 ➡ ______

6 : 6 ➡ ______

③ 1 : 20 ➡ ______

5 : 20 ➡ ______

10 : 20 ➡ ______

20 : 20 ➡ ______

④ 1 : 15 ➡ ______

3 : 15 ➡ ______

5 : 15 ➡ ______

15 : 15 ➡ ______

⑤ 2 : 40 ➡ ______

4 : 40 ➡ ______

10 : 40 ➡ ______

20 : 40 ➡ ______

⑥ 3 : 90 ➡ ______

9 : 90 ➡ ______

30 : 90 ➡ ______

45 : 90 ➡ ______

⑦ 8 : 1 ➡ ______

8 : 2 ➡ ______

8 : 4 ➡ ______

8 : 8 ➡ ______

비교하는 양이 그대로일 때 기준량이 커지면 비율은 어떻게 될까요?

⑧ 6 : 1 ➡ ______

6 : 2 ➡ ______

6 : 3 ➡ ______

6 : 6 ➡ ______

⑨ 20 : 1 ➡ ______

20 : 5 ➡ ______

20 : 10 ➡ ______

20 : 20 ➡ ______

⑩ 15 : 1 ➡ ______

15 : 3 ➡ ______

15 : 5 ➡ ______

15 : 15 ➡ ______

⑪ 40 : 2 ➡ ______

40 : 4 ➡ ______

40 : 10 ➡ ______

40 : 20 ➡ ______

⑫ 90 : 3 ➡ ______

90 : 9 ➡ ______

90 : 30 ➡ ______

90 : 45 ➡ ______

비교하는 양과 기준량의 크기를 비교해 봐.

# 06 1보다 큰 비율, 1보다 작은 비율

● 비율이 1보다 작은 비에 모두 ○표 하세요.

① 비교하는 양이 기준량보다 작으면 비율이 1보다 작아요. / 비교하는 양이 기준량보다 크면 비율이 1보다 커요.

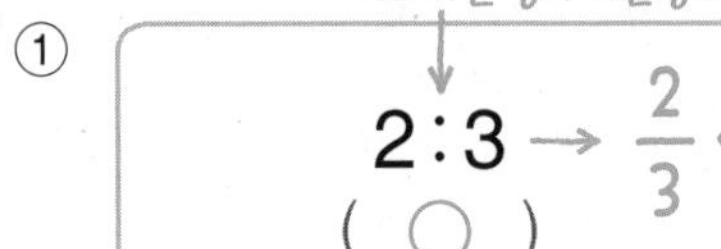

| $2:3 \rightarrow \frac{2}{3}<1$ | $1:4 \rightarrow \frac{1}{4}<1$ | $3:2 \rightarrow \frac{3}{2}>1$ | $5:2 \rightarrow \frac{5}{2}>1$ |
|---|---|---|---|
| ( ○ ) | ( ○ ) | (　　) | (　　) |

②

| 5:3 | 2:5 | 4:5 | 5:4 |
|---|---|---|---|
| (　　) | (　　) | (　　) | (　　) |

③

| 3:4 | 7:4 | 3:8 | 9:8 |
|---|---|---|---|
| (　　) | (　　) | (　　) | (　　) |

④

| 1:5 | 3:5 | 6:5 | 8:5 |
|---|---|---|---|
| (　　) | (　　) | (　　) | (　　) |

⑤

| 10:11 | 10:3 | 3:10 | 11:10 |
|---|---|---|---|
| (　　) | (　　) | (　　) | (　　) |

● 비율이 1보다 큰 비에 모두 ○표 하세요.

①

| 1 : 7 | 7 : 1 | 1 : 3 | 3 : 1 |
|---|---|---|---|
| ( ) | ( ) | ( ) | ( ) |

②

| 5 : 5 | 1 : 1 | 5 : 3 | 5 : 1 |
|---|---|---|---|
| ( ) | ( ) | ( ) | ( ) |

③

| 12 : 5 | 17 : 2 | 2 : 17 | 5 : 12 |
|---|---|---|---|
| ( ) | ( ) | ( ) | ( ) |

④

| 3 : 7 | 9 : 4 | 9 : 7 | 3 : 4 |
|---|---|---|---|
| ( ) | ( ) | ( ) | ( ) |

⑤

| 12 : 10 | 10 : 10 | 13 : 10 | 1 : 10 |
|---|---|---|---|
| ( ) | ( ) | ( ) | ( ) |

백분율은 기준량을 100이라고 생각했을 때의 비교하는 양이야.

# 07 백분율로 나타내기

● 비를 보고 비율을 기약분수와 소수로 나타낸 후 백분율을 구해 보세요.

| | 비 | 비율 | | 백분율 |
|---|---|---|---|---|
| | | 분수 | 소수 | (백분율)=(비율)×100이에요. |
| ① | 7:70 | $\frac{7}{70}=\frac{1}{10}$ | 0.1 | 10%<br>$\frac{1}{10}\times100=10(\%)$ 또는 $0.1\times100=10(\%)$ |
| ② | 5:10 | | | |
| ③ | 3 대 12 | | | |
| ④ | 1 대 20 | | | |
| ⑤ | 100에 대한 45의 비 | | | |
| ⑥ | 50에 대한 20의 비 | | | |
| ⑦ | 29의 50에 대한 비 | | | |
| ⑧ | 3의 20에 대한 비 | | | |
| ⑨ | 42와 50의 비 | | | |
| ⑩ | 9와 100의 비 | | | |

| 비 | 비율 | | 백분율 |
|---|---|---|---|
| | 분수 | 소수 | |
| ⑪ 20에 대한 11의 비 | | | |
| ⑫ 4와 20의 비 | | | |
| ⑬ 9 대 25 | | | |
| ⑭ 14 : 200 | | | |
| ⑮ 17의 50에 대한 비 | | | |
| ⑯ 52와 100의 비 | | | |
| ⑰ 10에 대한 9의 비 | | | |
| ⑱ 18 : 24 | | | |
| ⑲ 60 대 75 | | | |
| ⑳ 3의 150에 대한 비 | | | |

| | 비 | 비율 | | 백분율 |
|---|---|---|---|---|
| | | 분수 | 소수 | |
| ㉑ | 5 : 25 | | | |
| ㉒ | 12 대 16 | | | |
| ㉓ | 24에 대한 36의 비 | | | |
| ㉔ | 18의 30에 대한 비 | | | |
| ㉕ | 6과 5의 비 | | | |
| ㉖ | 15 : 60 | | | |
| ㉗ | 99 대 100 | | | |
| ㉘ | 50에 대한 3의 비 | | | |
| ㉙ | 52의 50에 대한 비 | | | |
| ㉚ | 23과 20의 비 | | | |

# 08 막대로 백분율 알아보기

● 빈칸에 알맞은 백분율을 써 보세요.

①

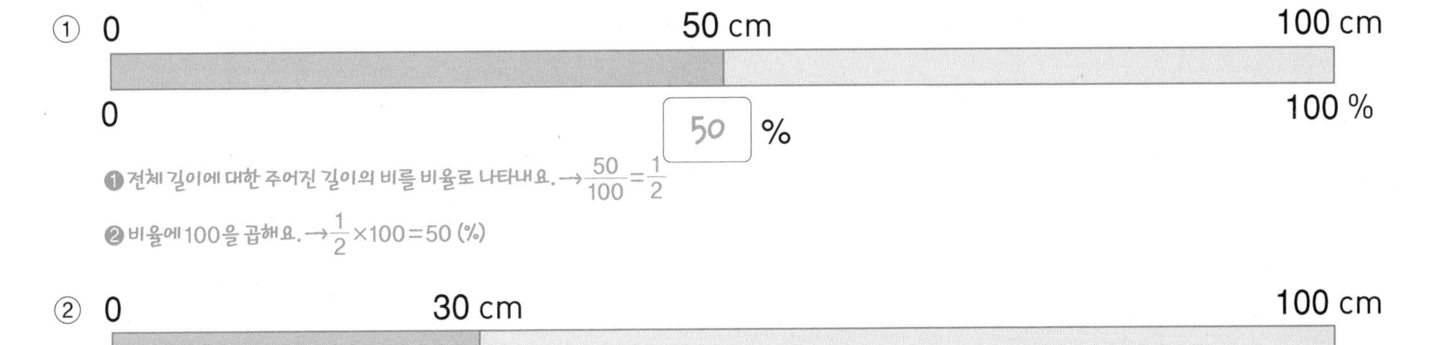


❶ 전체 길이에 대한 주어진 길이의 비를 비율로 나타내요. → $\frac{50}{100}=\frac{1}{2}$

❷ 비율에 100을 곱해요. → $\frac{1}{2}\times100=50$ (%)

② 0 30 cm 100 cm

0 □ % 100 %

③

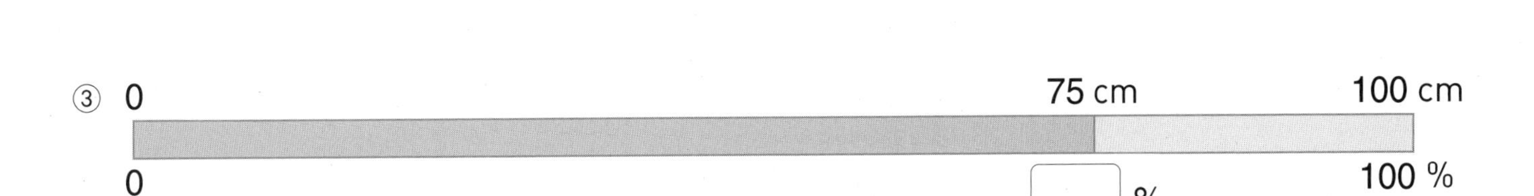


④

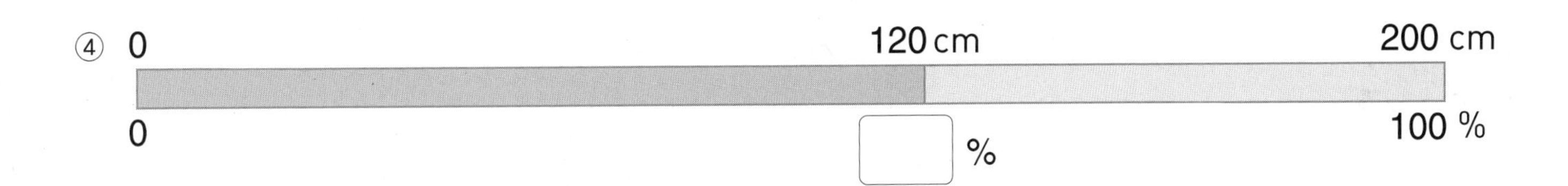


⑤

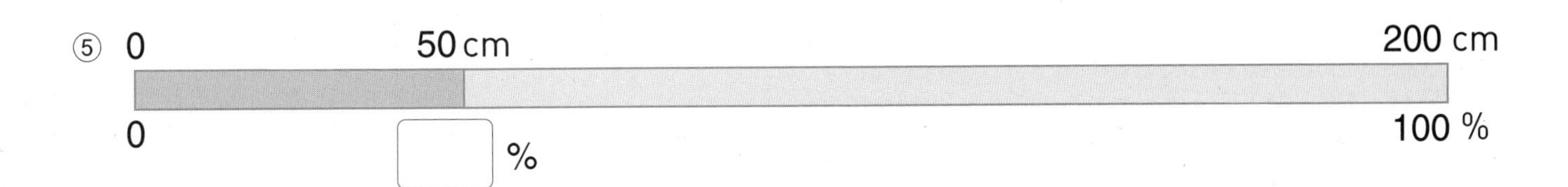


⑥

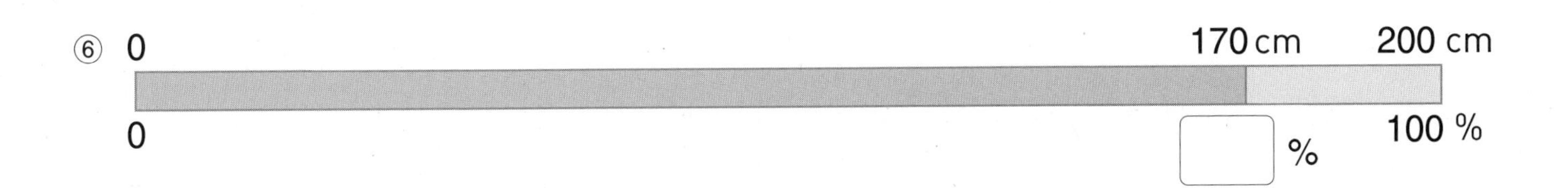

⑦
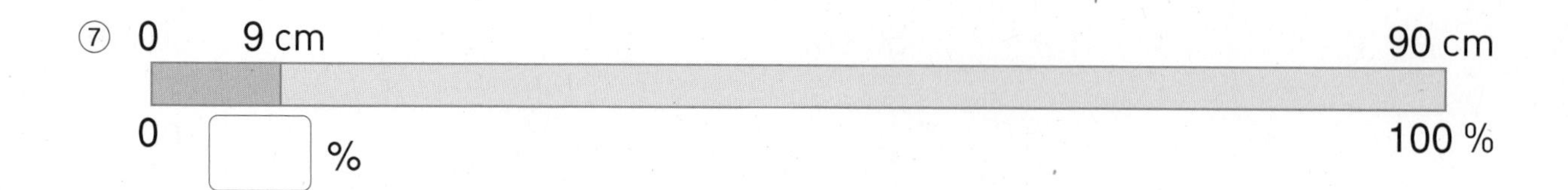
0
9 cm
90 cm
0
%
100 %

⑧
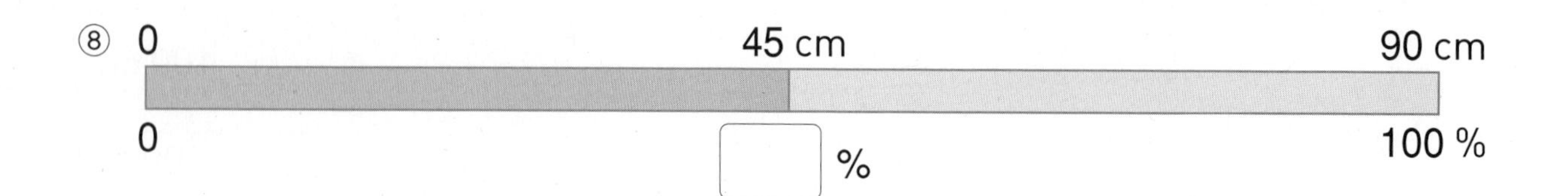
0
45 cm
90 cm
0
%
100 %

⑨
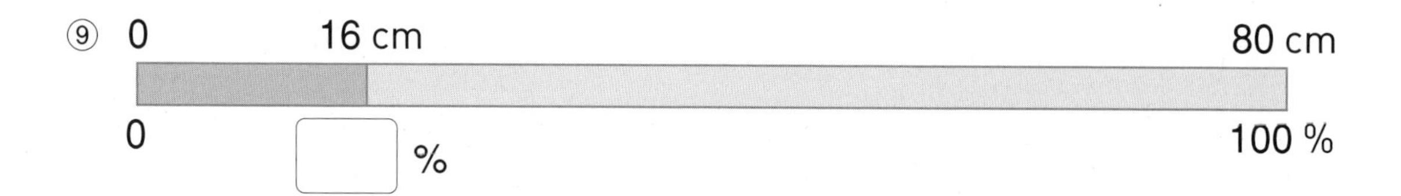
0
16 cm
80 cm
0
%
100 %

⑩

0
60 cm
80 cm
0
%
100 %

⑪

45 cm
0
50 cm
0
100 %
%

⑫
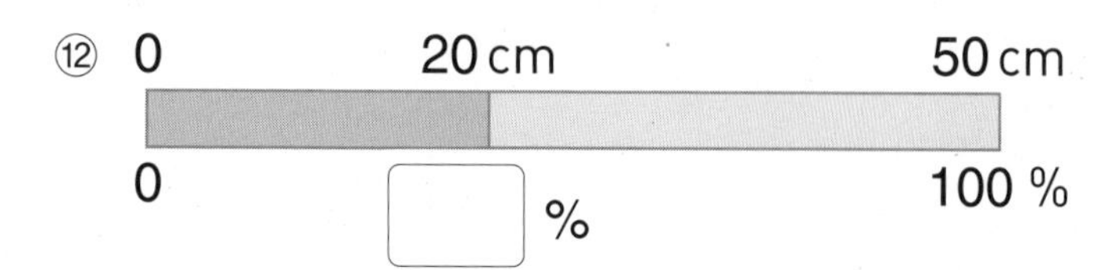
0
20 cm
50 cm
0
%
100 %

비율을 같은 종류로 나타내 크기를 비교해 봐.

# 09 비율의 크기 비교하기

● 두 비율의 크기를 비교하여 ○ 안에 >, =, <를 써 보세요.

분수를 백분율로 나타내요.

① $\frac{1}{2}$ (=) 50 %

$\frac{1}{2} \times 100 = 50(\%)$

백분율을 분수로 나타내 비교할 수도 있어요.

② $\frac{1}{10}$ ○ 50 %

③ $\frac{3}{5}$ ○ 50 %

④ 40 % ○ $\frac{1}{2}$

⑤ 10 % ○ $\frac{1}{5}$

⑥ 40 % ○ $\frac{1}{4}$

⑦ $\frac{3}{4}$ ○ 60 %

⑧ $\frac{1}{20}$ ○ 5 %

⑨ $\frac{7}{25}$ ○ 30 %

⑩ 95 % ○ 0.95

⑪ 30 % ○ 0.6

⑫ 50 % ○ 0.05

⑬ 0.2 ○ 20 %

⑭ 0.8 ○ 90 %

⑮ 0.68 ○ 60 %

⑯ 75 % ○ 0.75

⑰ 99 % ○ 0.9

모두 절반!

$50\% = \frac{1}{2} = 0.5$

둘 다 소수로 나타내거나 둘 다 분수로 나타내요.

⑱ $\frac{3}{4}$ ◯ 0.5

⑲ $\frac{1}{2}$ ◯ 0.2

⑳ $\frac{1}{5}$ ◯ 0.5

㉑ 0.3 ◯ $\frac{1}{4}$

㉒ 0.7 ◯ $\frac{7}{20}$

㉓ 0.5 ◯ $\frac{7}{10}$

㉔ $\frac{4}{5}$ ◯ 0.8

㉕ $\frac{1}{25}$ ◯ 0.1

㉖ $\frac{2}{5}$ ◯ 0.25

㉗ 0.8 ◯ $\frac{7}{8}$

㉘ 0.1 ◯ $\frac{3}{20}$

㉙ 0.25 ◯ $\frac{1}{5}$

㉚ $\frac{4}{5}$ ◯ 0.9

㉛ $\frac{16}{25}$ ◯ 0.6

㉜ $\frac{3}{50}$ ◯ 0.03

㉝ 0.12 ◯ $\frac{1}{10}$

㉞ 0.45 ◯ $\frac{3}{5}$

㉟ 0.09 ◯ $\frac{1}{10}$

백분율을 분수나 소수로 나타내 생각해 봐.

# 10 백분율만큼 구하기

● 주어진 수에 대한 다음 백분율만큼이 얼마인지 구해 보세요.

① 300

1 % ➡ $300 \times \frac{1}{100} = 3$

❶ 백분율을 분수로 나타내요. 1 % → $\frac{1}{100}$

❷ 주어진 수의 백분율만큼을 구해요.

$300 \times \frac{1}{100} = 3$

10 % ➡ $300 \times 0.1 =$ ______

백분율을 소수로 나타내 구할 수도 있어요.

100 % ➡ ______

② 80

10 % ➡ ______

20 % ➡ ______

30 % ➡ ______

③ 150

10 % ➡ ______

50 % ➡ ______

80 % ➡ ______

④ 1000

5 % ➡ ______

33 % ➡ ______

99 % ➡ ______

⑤ 100 m

2 % ➡ ______ 20 % ➡ ______ 22 % ➡ ______

⑥ 500 m

10 % ➡ ______ 30 % ➡ ______ 50 % ➡ ______

⑦ 60 cm

5 % ➡ ______ 15 % ➡ ______ 50 % ➡ ______

⑧ 95 cm

20 % ➡ ______ 60 % ➡ ______ 80 % ➡ ______

⑨ 400 g

30 % → ______ 60 % → ______ 90 % → ______

⑩ 180 g

25 % → ______ 50 % → ______ 75 % → ______

⑪ 20 mL

35 % → ______ 70 % → ______ 95 % → ______

⑫ 960 mL

5 % → ______ 50 % → ______ 75 % → ______

# 수능까지 연결되는 독해 로드맵

디딤돌 독해력은 수능까지 연결되는 체계적인 라인업을 통하여
수능에서 요구하는 핵심 독해 원리에 대한 이해는 물론,
단계 별로 심화되며 연결되는 학습의 과정을 통해
깊이 있고 종합적인 독해 사고의 능력까지 기를 수 있도록 도와줍니다.

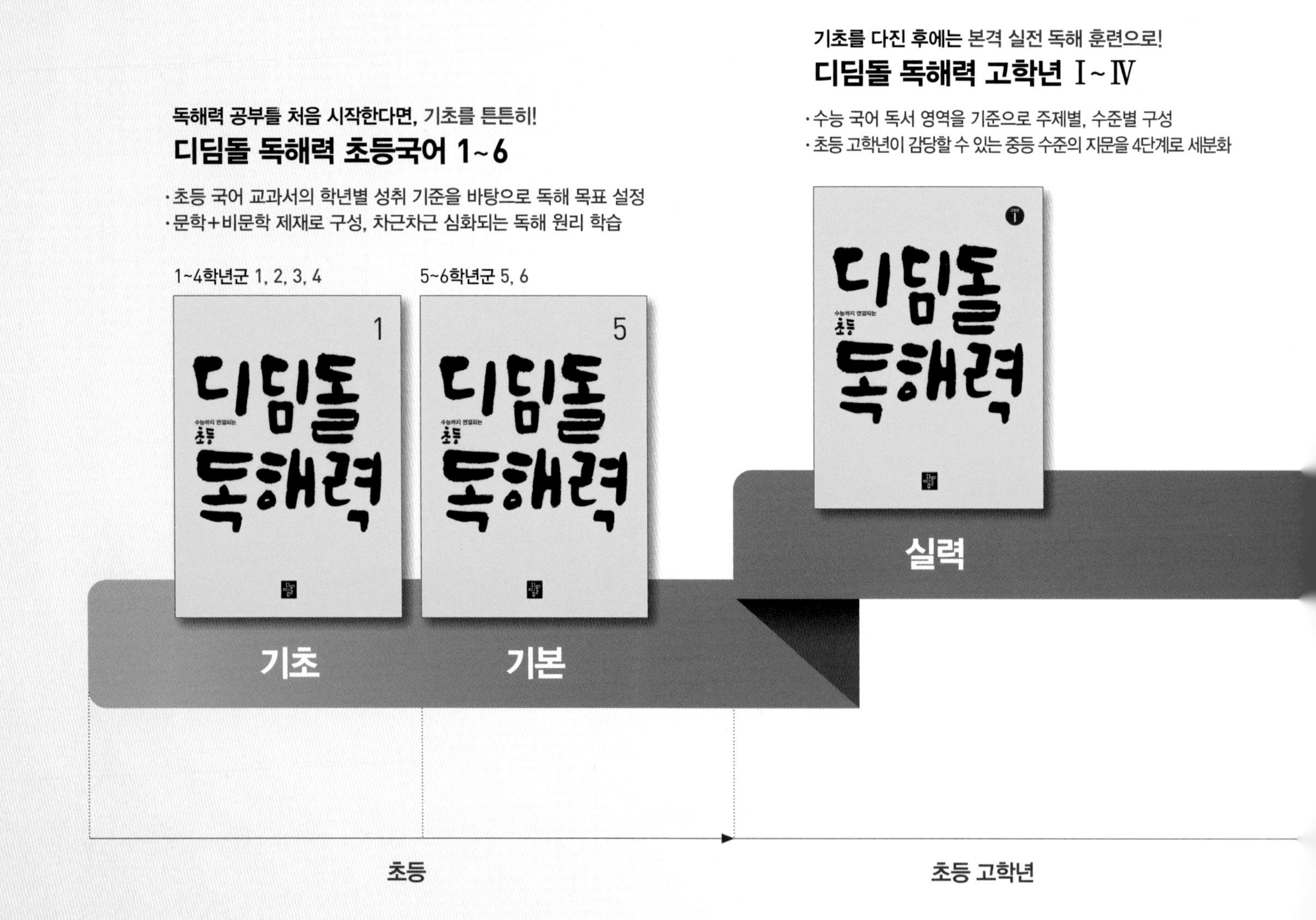

6A

# 디딤돌 연산은 수학이다.

# 정답과 학습지도법

# 디딤돌
# 연산은
# 수학이다.
## 정답과
## 학습지도법

# 1 (자연수)÷(자연수)를 분수로 나타내기

지금까지는 (자연수)÷(자연수)를 계산할 때 몫과 나머지를 구하였지만 몫을 정확하게 나타내기 위해서 분수로 나타낼 수 있다는 것을 인지한 후 몫을 분수로 나타내는 원리와 방법을 지도해 주세요.

## 01 그림을 보고 계산하기 8쪽

① $\frac{1}{3}$ ② $\frac{1}{4}$
③ $\frac{1}{6}$ ④ $\frac{1}{8}$
⑤ $\frac{2}{3}$ ⑥ $\frac{3}{4}$
⑦ $\frac{4}{9}$ ⑧ $\frac{4}{5}$

나눗셈의 원리 ● 계산 원리 이해

## 02 몫을 분수로 나타내기 9~10쪽

① $\frac{1}{2}$ ② $\frac{1}{5}$
③ $\frac{1}{7}$ ④ $\frac{1}{9}$
⑤ $\frac{1}{10}$ ⑥ $\frac{1}{12}$
⑦ $\frac{2}{7}$ ⑧ $\frac{3}{5}$
⑨ $\frac{4}{9}$ ⑩ $\frac{5}{6}$
⑪ $\frac{2}{5}$ ⑫ $\frac{7}{10}$
⑬ $\frac{4}{7}$ ⑭ $\frac{3}{8}$
⑮ $\frac{5}{12}$ ⑯ $\frac{2}{11}$
⑰ $\frac{2}{8}$, $\frac{1}{4}$ ⑱ $\frac{1}{3}$
⑲ $\frac{2}{3}$ ⑳ $\frac{1}{2}$
㉑ $\frac{2}{3}$ ㉒ $\frac{1}{2}$
㉓ $\frac{3}{4}$ ㉔ $\frac{1}{3}$
㉕ $\frac{5}{7}$ ㉖ $\frac{1}{2}$
㉗ $\frac{1}{3}$ ㉘ $\frac{1}{4}$
㉙ $\frac{2}{3}$ ㉚ $\frac{1}{2}$
㉛ $\frac{3}{4}$ ㉜ $\frac{3}{10}$

나눗셈의 원리 ● 계산 방법 이해

## 03 나눗셈의 몫이 가분수이면 대분수로 나타내기 11~12쪽

① $\frac{3}{2}$, $1\frac{1}{2}$ ② $\frac{5}{3}$, $1\frac{2}{3}$
③ $\frac{7}{4}$, $1\frac{3}{4}$ ④ $\frac{6}{5}$, $1\frac{1}{5}$
⑤ $\frac{8}{7}$, $1\frac{1}{7}$ ⑥ $\frac{9}{2}$, $4\frac{1}{2}$
⑦ $\frac{5}{4}$, $1\frac{1}{4}$ ⑧ $\frac{7}{3}$, $2\frac{1}{3}$
⑨ $\frac{7}{2}$, $3\frac{1}{2}$ ⑩ $\frac{10}{9}$, $1\frac{1}{9}$
⑪ $\frac{9}{5}$, $1\frac{4}{5}$ ⑫ $\frac{11}{6}$, $1\frac{5}{6}$
⑬ $\frac{9}{8}$, $1\frac{1}{8}$ ⑭ $\frac{10}{3}$, $3\frac{1}{3}$
⑮ $\frac{15}{2}$, $7\frac{1}{2}$ ⑯ $\frac{7}{5}$, $1\frac{2}{5}$

⑰ $\frac{4}{3}$, $1\frac{1}{3}$ ⑱ $\frac{3}{2}$, $1\frac{1}{2}$
⑲ $\frac{8}{3}$, $2\frac{2}{3}$ ⑳ $\frac{5}{2}$, $2\frac{1}{2}$
㉑ $\frac{5}{4}$, $1\frac{1}{4}$ ㉒ $\frac{8}{5}$, $1\frac{3}{5}$
㉓ $\frac{9}{7}$, $1\frac{2}{7}$ ㉔ $\frac{11}{3}$, $3\frac{2}{3}$
㉕ $\frac{9}{4}$, $2\frac{1}{4}$ ㉖ $\frac{13}{5}$, $2\frac{3}{5}$
㉗ $\frac{5}{2}$, $2\frac{1}{2}$ ㉘ $\frac{3}{2}$, $1\frac{1}{2}$
㉙ $\frac{14}{3}$, $4\frac{2}{3}$ ㉚ $\frac{5}{2}$, $2\frac{1}{2}$
㉛ $\frac{4}{3}$, $1\frac{1}{3}$ ㉜ $\frac{9}{2}$, $4\frac{1}{2}$

**나눗셈의 원리** ● 계산 방법 이해

## 04 (자연수)÷(자연수) 13~15쪽

① $\frac{3}{4}$ ② $\frac{1}{3}$
③ $\frac{1}{6}$ ④ $\frac{2}{7}$
⑤ $\frac{3}{5}$ ⑥ $\frac{5}{8}$
⑦ $\frac{2}{3}$ ⑧ $\frac{1}{5}$
⑨ $\frac{7}{8}$ ⑩ $\frac{2}{3}$
⑪ $\frac{1}{9}$ ⑫ $\frac{3}{11}$
⑬ $\frac{9}{10}$ ⑭ $\frac{1}{8}$
⑮ $\frac{3}{5}$ ⑯ $\frac{3}{17}$
⑰ $\frac{1}{2}$ ⑱ $\frac{3}{5}$
⑲ $\frac{4}{7}$ ⑳ $\frac{5}{12}$
㉑ $\frac{1}{3}$ ㉒ $\frac{1}{2}$
㉓ $\frac{8}{11}$ ㉔ $\frac{10}{13}$
㉕ $\frac{2}{3}$ ㉖ $\frac{2}{9}$
㉗ $\frac{2}{5}$ ㉘ $\frac{3}{8}$
㉙ $\frac{1}{4}$ ㉚ $\frac{5}{6}$
㉛ $\frac{3}{5}$ ㉜ $\frac{2}{3}$
㉝ $\frac{6}{5}\left(=1\frac{1}{5}\right)$ ㉞ $\frac{5}{2}\left(=2\frac{1}{2}\right)$
㉟ $\frac{4}{3}\left(=1\frac{1}{3}\right)$ ㊱ $\frac{11}{10}\left(=1\frac{1}{10}\right)$
㊲ $\frac{7}{4}\left(=1\frac{3}{4}\right)$ ㊳ $\frac{10}{7}\left(=1\frac{3}{7}\right)$
㊴ $\frac{9}{2}\left(=4\frac{1}{2}\right)$ ㊵ $\frac{8}{3}\left(=2\frac{2}{3}\right)$
㊶ $\frac{9}{5}\left(=1\frac{4}{5}\right)$ ㊷ $\frac{13}{9}\left(=1\frac{4}{9}\right)$
㊸ $\frac{3}{2}\left(=1\frac{1}{2}\right)$ ㊹ $\frac{4}{3}\left(=1\frac{1}{3}\right)$
㊺ $\frac{5}{3}\left(=1\frac{2}{3}\right)$ ㊻ $\frac{17}{10}\left(=1\frac{7}{10}\right)$
㊼ $\frac{5}{4}\left(=1\frac{1}{4}\right)$ ㊽ $\frac{4}{3}\left(=1\frac{1}{3}\right)$

**나눗셈의 원리** ● 계산 방법 이해

## 05 여러 가지 수로 나누기 16~17쪽

① $\frac{2}{3}, \frac{2}{5}, \frac{2}{7}$ ② $\frac{7}{8}, \frac{7}{9}, \frac{7}{10}$ ③ $\frac{6}{7}, \frac{3}{4}, \frac{2}{3}$

④ $\frac{3}{4}, \frac{1}{2}, \frac{3}{8}$ ⑤ $\frac{4}{3}\left(=1\frac{1}{3}\right), \frac{4}{5}, \frac{4}{7}$

⑥ $\frac{11}{2}\left(=5\frac{1}{2}\right), \frac{11}{5}\left(=2\frac{1}{5}\right), \frac{11}{8}\left(=1\frac{3}{8}\right)$

⑦ $\frac{9}{5}\left(=1\frac{4}{5}\right), \frac{3}{2}\left(=1\frac{1}{2}\right), \frac{9}{7}\left(=1\frac{2}{7}\right)$

⑧ $\frac{5}{2}\left(=2\frac{1}{2}\right), \frac{5}{4}\left(=1\frac{1}{4}\right), \frac{5}{6}$

⑨ $\frac{4}{3}\left(=1\frac{1}{3}\right), \frac{4}{5}, \frac{4}{7}$

⑩ $\frac{5}{8}, \frac{5}{7}, \frac{5}{6}$ ⑪ $\frac{8}{13}, \frac{8}{11}, \frac{8}{9}$ ⑫ $\frac{1}{4}, \frac{1}{3}, \frac{1}{2}$

⑬ $\frac{1}{4}, \frac{1}{3}, \frac{1}{2}$ ⑭ $\frac{4}{13}, \frac{4}{11}, \frac{4}{9}$

⑮ $\frac{2}{5}, \frac{3}{5}, \frac{6}{5}\left(=1\frac{1}{5}\right)$

⑯ $\frac{7}{4}\left(=1\frac{3}{4}\right), \frac{7}{3}\left(=2\frac{1}{3}\right), \frac{7}{2}\left(=3\frac{1}{2}\right)$

⑰ $\frac{3}{4}, \frac{9}{8}\left(=1\frac{1}{8}\right), \frac{9}{4}\left(=2\frac{1}{4}\right)$

⑱ $\frac{4}{3}\left(=1\frac{1}{3}\right), \frac{3}{2}\left(=1\frac{1}{2}\right), \frac{12}{7}\left(=1\frac{5}{7}\right)$

**나눗셈의 원리** ● 계산 원리 이해

## 06 내가 만드는 나눗셈식 18쪽

① 예 4, $\frac{3}{4}$ / 예 2, $\frac{7}{2}\left(=3\frac{1}{2}\right)$

② 예 6, $\frac{5}{6}$ / 예 4, $\frac{9}{4}\left(=2\frac{1}{4}\right)$

③ 예 6, $\frac{1}{2}$ / 예 10, $\frac{9}{10}$

④ 예 3, $\frac{4}{3}\left(=1\frac{1}{3}\right)$ / 예 8, $\frac{5}{4}\left(=1\frac{1}{4}\right)$

⑤ 예 5, $\frac{6}{5}\left(=1\frac{1}{5}\right)$ / 예 9, $\frac{8}{9}$

⑥ 예 12, $\frac{2}{3}$ / 예 7, $\frac{15}{7}\left(=2\frac{1}{7}\right)$

**나눗셈의 감각** ● 나눗셈의 다양성

## 07 길 찾기 19쪽

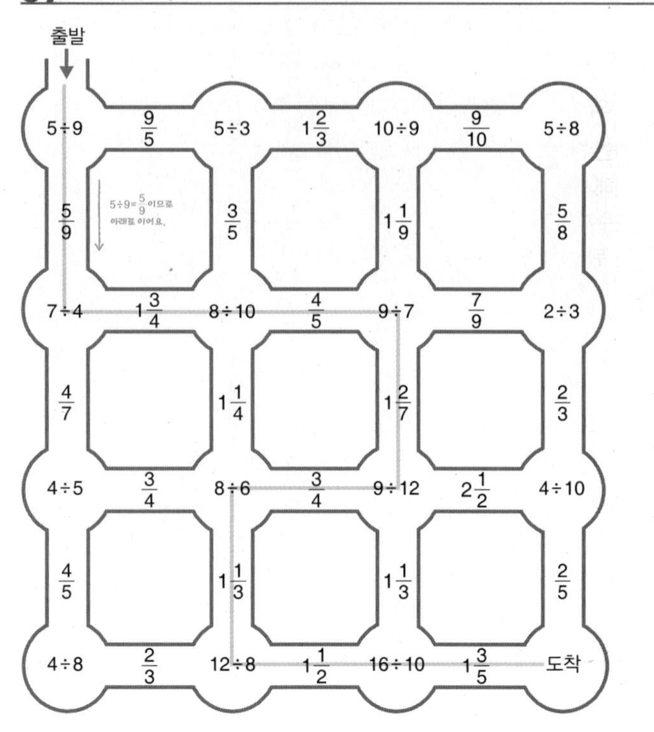


**나눗셈의 활용** ● 상황에 맞는 나눗셈

# 2 (분수)÷(자연수)

'10의 $\frac{1}{5}$은 10을 똑같이 5로 나눈 것 중 하나'라는 개념을 상기시키면 자연수의 나눗셈을 분수의 곱셈으로 고치는 계산 과정을 좀 더 쉽게 이해시킬 수 있습니다. 이와 같이 역수의 곱을 이용하는 방법은 이후 분수끼리의 나눗셈에서도 자주 사용하게 되므로 그 원리를 이해하게 한 뒤 능숙하게 계산할 수 있도록 도와주세요.

## 01 그림을 보고 계산하기 22쪽

① 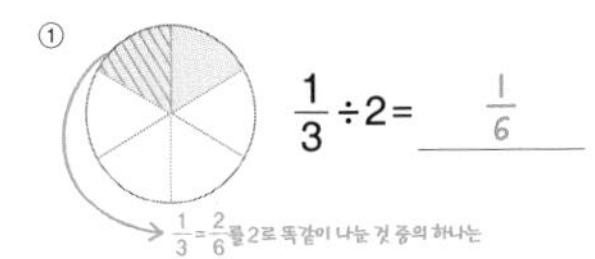

$\frac{1}{3}\div2=\frac{1}{6}$

② 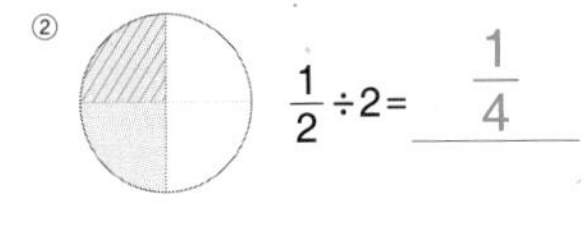
$\frac{1}{2}\div2=\frac{1}{4}$

③ 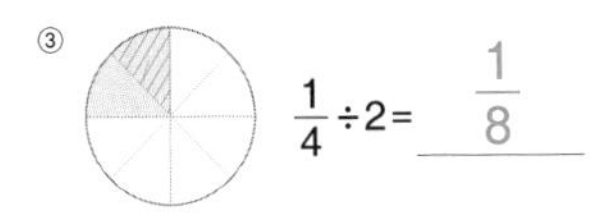
$\frac{1}{4}\div2=\frac{1}{8}$

④ 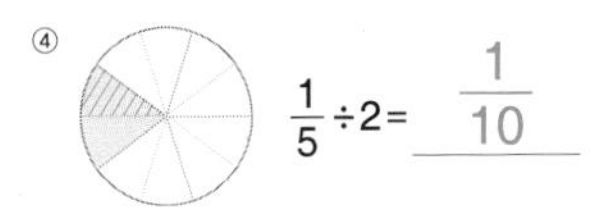
$\frac{1}{5}\div2=\frac{1}{10}$

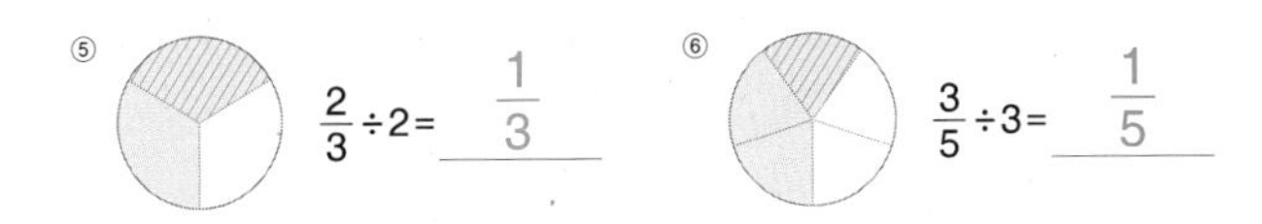

⑤ $\frac{2}{3}\div2=\frac{1}{3}$

⑥ $\frac{3}{5}\div3=\frac{1}{5}$

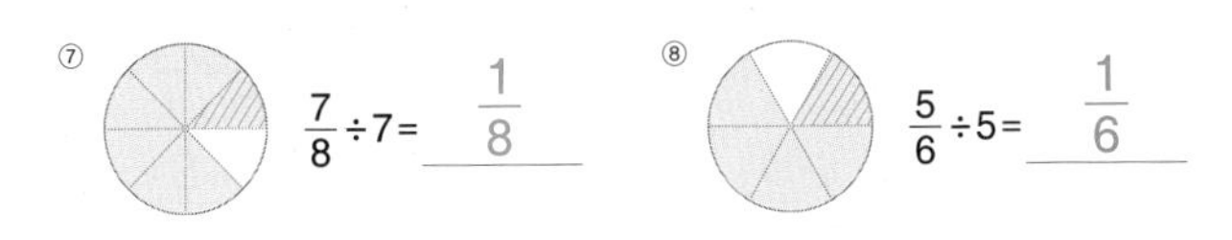

⑦ $\frac{7}{8}\div7=\frac{1}{8}$

⑧ $\frac{5}{6}\div5=\frac{1}{6}$

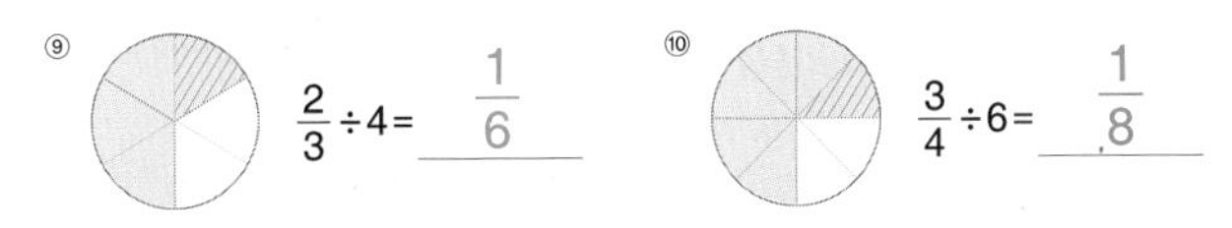

⑨ $\frac{2}{3}\div4=\frac{1}{6}$

⑩ $\frac{3}{4}\div6=\frac{1}{8}$

나눗셈의 원리 ● 계산 원리 이해

## 02 곱셈으로 고쳐서 계산하기 23~24쪽

① 3, $\frac{1}{6}$
② 7, $\frac{2}{35}$
③ 2, $\frac{3}{26}$
④ 8, $\frac{3}{40}$
⑤ 5, $\frac{2}{15}$
⑥ 2, $\frac{3}{8}$
⑦ 4, $\frac{5}{24}$
⑧ 3, $\frac{4}{21}$
⑨ 6, $\frac{7}{48}$
⑩ 2, $\frac{9}{20}$
⑪ 11, $\frac{7}{99}$
⑫ 7, $\frac{11}{98}$
⑬ 5, $\frac{2}{75}$
⑭ 5, $\frac{14}{125}$
⑮ $\frac{1}{9}$
⑯ 6, $\frac{1}{8}$
⑰ 9, $\frac{1}{24}$
⑱ 3, $\frac{1}{4}$
⑲ 4, $\frac{1}{5}$
⑳ 9, $\frac{2}{21}$
㉑ 2, $\frac{2}{5}$
㉒ 6, $\frac{4}{27}$
㉓ 3, $\frac{3}{10}$
㉔ 10, $\frac{1}{16}$
㉕ 8, $\frac{3}{26}$
㉖ 15, $\frac{2}{55}$
㉗ 4, $\frac{4}{25}$
㉘ 20, $\frac{3}{64}$

나눗셈의 원리 ● 계산 방법 이해

## 03 (분수)÷(자연수)

25~27쪽

① $\frac{2}{9}$ ② $\frac{5}{12}$
③ $\frac{7}{40}$ ④ $\frac{2}{7}$
⑤ $\frac{1}{8}$ ⑥ $\frac{2}{11}$
⑦ $\frac{2}{15}$ ⑧ $\frac{3}{13}$
⑨ $\frac{5}{18}$ ⑩ $\frac{3}{19}$
⑪ $\frac{2}{15}$ ⑫ $\frac{1}{36}$
⑬ $\frac{1}{16}$ ⑭ $\frac{3}{14}$
⑮ $\frac{4}{13}$ ⑯ $\frac{3}{40}$
⑰ $\frac{1}{30}$ ⑱ $\frac{1}{54}$
⑲ $\frac{1}{65}$ ⑳ $\frac{1}{24}$
㉑ $\frac{2}{63}$ ㉒ $\frac{2}{25}$
㉓ $\frac{3}{35}$ ㉔ $\frac{3}{32}$
㉕ $\frac{2}{33}$ ㉖ $\frac{7}{15}$
㉗ $\frac{3}{34}$ ㉘ $\frac{4}{63}$
㉙ $\frac{3}{32}$ ㉚ $\frac{7}{60}$
㉛ $\frac{3}{46}$ ㉜ $\frac{4}{81}$
㉝ $\frac{10}{27}$ ㉞ $\frac{4}{17}$
㉟ $\frac{5}{28}$ ㊱ $\frac{3}{4}$
㊲ $\frac{3}{8}$ ㊳ $\frac{4}{13}$
㊴ $\frac{7}{12}$ ㊵ $\frac{11}{75}$
㊶ $\frac{9}{22}$ ㊷ $\frac{1}{12}$
㊸ $\frac{12}{13}$ ㊹ $\frac{3}{7}$
㊺ $\frac{1}{14}$ ㊻ $\frac{2}{29}$
㊼ $\frac{2}{9}$ ㊽ $\frac{3}{34}$

나눗셈의 원리 ● 계산 방법 이해

## 04 여러 가지 수로 나누기

28~29쪽

① $\frac{1}{4}, \frac{1}{6}, \frac{1}{8}$ ② $\frac{1}{6}, \frac{1}{9}, \frac{1}{12}$ ③ $\frac{1}{5}, \frac{1}{10}, \frac{1}{15}$
④ $\frac{2}{9}, \frac{1}{9}, \frac{2}{27}$ ⑤ $\frac{3}{5}, \frac{3}{10}, \frac{1}{5}$ ⑥ $\frac{1}{4}, \frac{1}{8}, \frac{1}{12}$
⑦ $\frac{2}{7}, \frac{3}{14}, \frac{6}{35}$ ⑧ $\frac{3}{13}, \frac{2}{13}, \frac{3}{26}$ ⑨ $\frac{1}{8}, \frac{3}{40}, \frac{3}{56}$
⑩ $\frac{1}{25}, \frac{1}{20}, \frac{1}{15}$ ⑪ $\frac{2}{21}, \frac{2}{15}, \frac{2}{9}$ ⑫ $\frac{1}{21}, \frac{1}{14}, \frac{1}{7}$
⑬ $\frac{1}{12}, \frac{1}{8}, \frac{1}{4}$ ⑭ $\frac{1}{8}, \frac{3}{16}, \frac{3}{8}$ ⑮ $\frac{8}{15}, \frac{2}{3}, \frac{8}{9}$
⑯ $\frac{3}{25}, \frac{4}{25}, \frac{6}{25}$ ⑰ $\frac{1}{10}, \frac{2}{15}, \frac{1}{5}$ ⑱ $\frac{4}{33}, \frac{8}{55}, \frac{2}{11}$

나눗셈의 원리 ● 계산 원리 이해

## 05 정해진 수로 나누기 30~31쪽

① $\frac{1}{20}$, $\frac{1}{25}$, $\frac{1}{30}$

② $\frac{3}{4}$, $\frac{3}{8}$, $\frac{3}{10}$

③ $\frac{1}{7}$, $\frac{3}{28}$, $\frac{1}{14}$

④ $\frac{1}{18}$, $\frac{1}{24}$, $\frac{1}{36}$

⑤ $\frac{5}{14}$, $\frac{2}{7}$, $\frac{3}{14}$

⑥ $\frac{1}{18}$, $\frac{1}{14}$, $\frac{1}{10}$

⑦ $\frac{1}{5}$, $\frac{2}{5}$, $\frac{3}{5}$

⑧ $\frac{1}{16}$, $\frac{1}{12}$, $\frac{1}{8}$

⑨ $\frac{2}{15}$, $\frac{2}{13}$, $\frac{2}{11}$

⑩ $\frac{1}{39}$, $\frac{2}{39}$, $\frac{1}{13}$

나눗셈의 원리 ● 계산 원리 이해

## 06 계산하지 않고 크기 비교하기 32쪽

① $>$　② $<$

③ $<$　④ $<$

⑤ $>$　⑥ $<$

⑦ $>$　⑧ $>$

⑨ $<$　⑩ $<$

⑪ $>$　⑫ $<$

⑬ $<$　⑭ $>$

⑮ $>$　⑯ $>$

나눗셈의 원리 ● 계산 원리 이해

## 07 검산하기 33~34쪽

① $\frac{3}{10}$ / $\frac{3}{10}$, $\frac{3}{5}$

② $\frac{1}{18}$ / $\frac{1}{18}$, $\frac{1}{2}$

③ $\frac{3}{14}$ / $\frac{3}{14}$, $\frac{6}{7}$

④ $\frac{1}{27}$ / $\frac{1}{27}$, $\frac{5}{9}$

⑤ $\frac{3}{10}$ / $\frac{3}{10}$, $\frac{9}{10}$

⑥ $\frac{4}{39}$ / $\frac{4}{39}$, $\frac{8}{13}$

⑦ $\frac{1}{16}$ / $\frac{1}{16}$, $\frac{5}{8}$

⑧ $\frac{5}{12}$ / $\frac{5}{12}$, $\frac{5}{6}$

⑨ $\frac{1}{26}$ / $\frac{1}{26}$, $\frac{11}{13}$

⑩ $\frac{2}{63}$ / $\frac{2}{63}$, $\frac{4}{7}$

⑪ $\frac{1}{54}$ / $\frac{1}{54}$, $\frac{4}{9}$

⑫ $\frac{3}{19}$ / $\frac{3}{19}$, $\frac{18}{19}$

⑬ $\frac{1}{24}$ / $\frac{1}{24}$, $\frac{3}{8}$

⑭ $\frac{1}{20}$ / $\frac{1}{20}$, $\frac{3}{4}$

⑮ $\frac{3}{34}$ / $\frac{3}{34}$, $\frac{15}{17}$

나눗셈의 원리 ● 계산 원리 이해

## 08 모르는 수 구하기 35쪽

① $\frac{3}{14}$, $\frac{3}{14}$

② $\frac{1}{18}$, $\frac{1}{18}$

③ $\frac{4}{25}$, $\frac{4}{25}$

④ $\frac{2}{21}$, $\frac{2}{21}$

⑤ $\frac{5}{26}$, $\frac{5}{26}$

⑥ $\frac{1}{5}$, $\frac{1}{5}$

⑦ $\frac{3}{16}$, $\frac{3}{16}$

⑧ $\frac{3}{20}$, $\frac{3}{20}$

⑨ $\frac{2}{21}$, $\frac{2}{21}$

⑩ $\frac{3}{32}$, $\frac{3}{32}$

나눗셈의 원리 ● 계산 방법 이해

**곱셈과 나눗셈의 관계**

덧셈과 뺄셈의 관계가 서로 역연산인 것처럼 곱셈과 나눗셈도 서로 역연산입니다. 이 관계가 중요한 이유는 나눗셈의 계산을 곱셈으로 가능하게 해 주고, 나눗셈의 결과가 맞는지 확인할 때 곱셈을 사용하여 검산하게 됩니다. 역연산의 원리를 이해하는 것은 수 감각의 중요한 요소이므로 반드시 이해하고 학습하도록 지도합니다.

## 09 한 마디의 길이 구하기 36쪽

① $\frac{2}{3}\div6=\frac{1}{9}$, $\frac{1}{9}$

② $\frac{10}{13}\div5=\frac{2}{13}$, $\frac{2}{13}$

③ $\frac{5}{8}\div3=\frac{5}{24}$, $\frac{5}{24}$

④ $\frac{6}{7}\div4=\frac{3}{14}$, $\frac{3}{14}$

⑤ $\frac{22}{9}\div11=\frac{2}{9}$, $\frac{2}{9}$

⑥ $\frac{16}{15}\div6=\frac{8}{45}$, $\frac{8}{45}$

나눗셈의 활용 ● 수직선 활용

## 10 길 찾기 37쪽

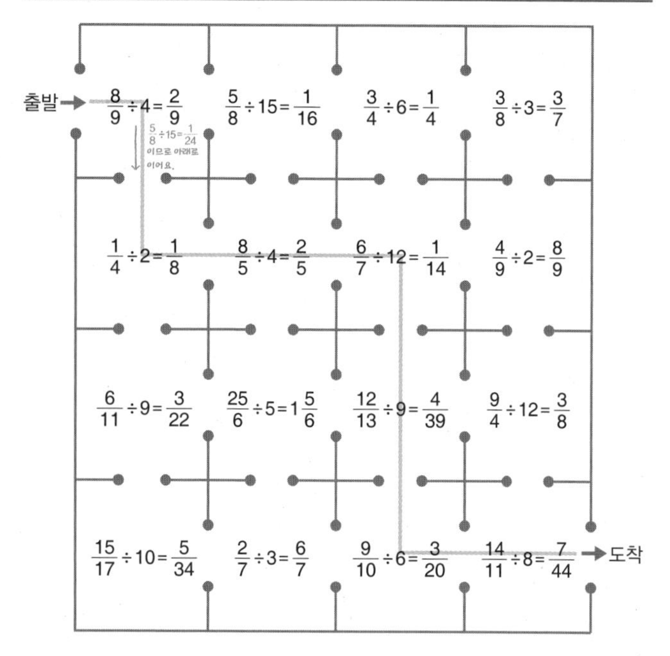


나눗셈의 활용 ● 상황에 맞는 나눗셈

# 3 (대분수)÷(자연수)

(대분수)÷(자연수)의 계산은 대분수를 가분수를 바꾼 후 (가분수)×$\frac{1}{(자연수)}$로 계산할 수 있습니다. 이때 가분수의 분자가 자연수로 나누어떨어지면 (분자)÷(자연수)로 계산하는 것이 더 빠를 수 있습니다. 따라서 (분수)÷(자연수)를 무조건 (분수)×$\frac{1}{(자연수)}$로 바꾸어 계산하지 않도록 지도해 주세요.

## 01 그림을 보고 계산하기 40쪽

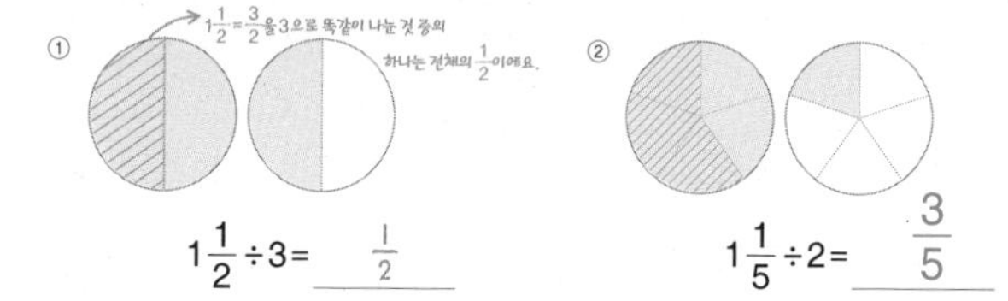


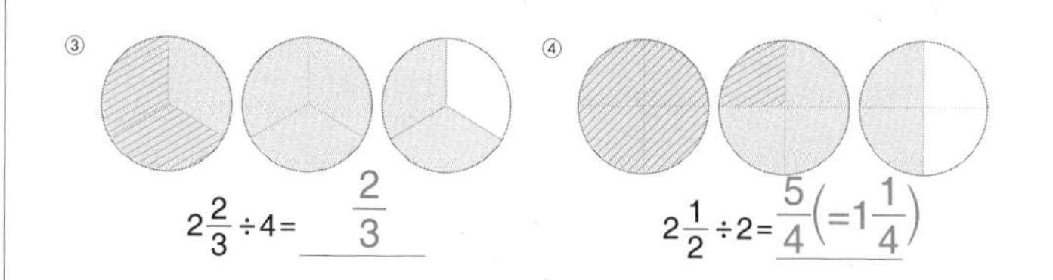


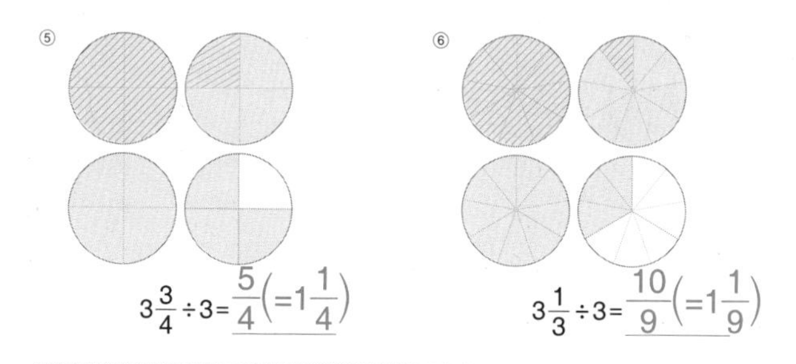


나눗셈의 원리 ● 계산 원리 이해

## 02 곱셈으로 고쳐서 계산하기 41~42쪽

① 4, 3, $\frac{4}{9}$

② 11, 2, $\frac{11}{12}$

③ 11, 6, $\frac{11}{24}$

④ 7, 9, $\frac{7}{18}$

⑤ 7, 4, $\frac{7}{12}$

⑥ 17, 10, $\frac{17}{40}$

⑦ 19, 5, $\frac{19}{35}$

⑧ 8, 7, $\frac{8}{35}$

⑨ 21, 16, $\frac{21}{64}$

⑩ 16, 7, $\frac{16}{21}$

⑪ 23, 20, $\frac{23}{100}$

⑫ 43, 4, $\frac{43}{80}$

⑬ 28, 9, $\frac{28}{81}$

⑭ 25, 6, $\frac{25}{66}$

⑮ 5, 5, $\frac{1}{3}$

⑯ 8, 4, $\frac{2}{3}$

⑰ 8, 6, $\frac{4}{15}$

⑱ 28, 7, $\frac{4}{11}$

⑲ 9, 3, $\frac{3}{4}$

⑳ 10, 4, $\frac{5}{14}$

㉑ 35, 7, $\frac{5}{8}$

㉒ 4, 8, $\frac{1}{6}$

㉓ 18, 8, $\frac{9}{20}$

㉔ 20, 5, $\frac{4}{9}$

㉕ 25, 10, $\frac{5}{12}$

㉖ 16, 8, $\frac{2}{3}$

㉗ 15, 12, $\frac{5}{32}$

㉘ 27, 9, $\frac{3}{4}$

나눗셈의 원리 ● 계산 방법 이해

## 03 (대분수)÷(자연수) 43~45쪽

① $\frac{5}{8}$

② $\frac{5}{6}$

③ $\frac{3}{8}$

④ $\frac{4}{7}$

⑤ $\frac{8}{15}$

⑥ $\frac{7}{4}\left(=1\frac{3}{4}\right)$

⑦ $\frac{17}{10}\left(=1\frac{7}{10}\right)$

⑧ $\frac{13}{45}$

⑨ $\frac{3}{10}$

⑩ $\frac{9}{8}\left(=1\frac{1}{8}\right)$

⑪ $\frac{4}{3}\left(=1\frac{1}{3}\right)$

⑫ $\frac{1}{9}$

⑬ $\frac{3}{5}$

⑭ $\frac{5}{12}$

⑮ $\frac{3}{5}$

⑯ $\frac{11}{40}$

⑰ $\frac{3}{14}$

⑱ $\frac{6}{5}\left(=1\frac{1}{5}\right)$

⑲ $\frac{7}{12}$

⑳ $\frac{4}{3}\left(=1\frac{1}{3}\right)$

㉑ $\frac{3}{5}$

㉒ $\frac{3}{16}$

㉓ $\frac{7}{10}$

㉔ $\frac{14}{9}\left(=1\frac{5}{9}\right)$

㉕ $\frac{11}{30}$

㉖ $\frac{5}{6}$

㉗ $\frac{3}{20}$

㉘ $\frac{3}{8}$

㉙ $\frac{25}{12}\left(=2\frac{1}{12}\right)$

㉚ $\frac{5}{14}$

㉛ $\frac{27}{16}\left(=1\frac{11}{16}\right)$

㉜ $\frac{5}{18}$

㉝ $\frac{3}{10}$

㉞ $\frac{2}{19}$

㉟ $\frac{2}{13}$

㊱ $\frac{3}{32}$

㊲ $\frac{2}{11}$

㊳ $\frac{3}{8}$

㊴ $\frac{13}{48}$

㊵ $\frac{9}{28}$

㊶ $\frac{3}{10}$

㊷ $\frac{2}{15}$

㊸ $\frac{3}{34}$

㊹ $\frac{7}{5}\left(=1\frac{2}{5}\right)$

㊺ $\frac{4}{11}$

㊻ $\frac{5}{38}$

㊼ $\frac{29}{18}\left(=1\frac{11}{18}\right)$

㊽ $\frac{5}{42}$

나눗셈의 원리 ● 계산 방법 이해

### 분자를 자연수로 나누는 (분수)÷(자연수)의 계산

(분수)÷(자연수)의 계산은 다양한 방법으로 할 수 있습니다. 그중 분자를 자연수로 나누는 방법은 나누어지는 수의 분자가 나누는 수의 자연수의 배수인 경우에 사용할 수 있습니다. 예를 들어 $1\frac{1}{3}\div2$는 $\frac{1}{3}$ 네 개를 똑같이 둘로 나누는 것을 뜻하므로 $\frac{1}{3}$ 네 개를 둘로 똑같이 나누면 하나는 $\frac{1}{3}$이 $4\div2=2$(개)가 됩니다.

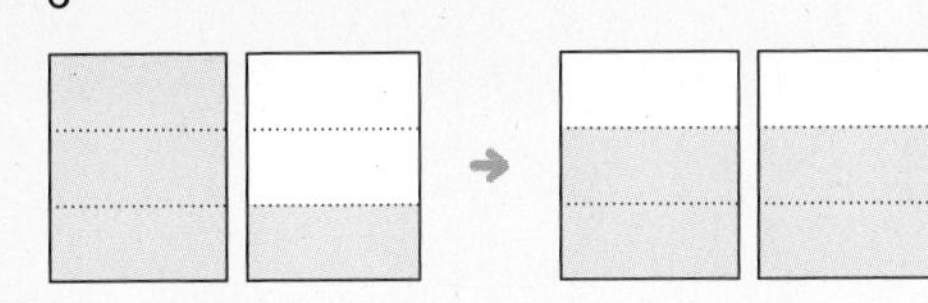

따라서 $1\frac{1}{3}\div2=\frac{4}{3}\div2=\frac{4\div2}{3}=\frac{2}{3}$로 계산할 수 있습니다.

## 04 여러 가지 수로 나누기 46~47쪽

① $\frac{5}{8}, \frac{5}{12}, \frac{5}{16}$ ② $\frac{3}{4}, \frac{3}{8}, \frac{1}{4}$ ③ $\frac{5}{9}, \frac{5}{12}, \frac{1}{3}$

④ $\frac{7}{18}, \frac{7}{30}, \frac{1}{6}$ ⑤ $\frac{5}{9}, \frac{5}{18}, \frac{5}{27}$ ⑥ $\frac{4}{5}, \frac{8}{15}, \frac{2}{5}$

⑦ $\frac{5}{7}, \frac{15}{28}, \frac{3}{7}$ ⑧ $\frac{3}{11}, \frac{2}{11}, \frac{3}{22}$ ⑨ $\frac{3}{4}, \frac{3}{8}, \frac{1}{4}$

⑩ $\frac{7}{24}, \frac{7}{18}, \frac{7}{12}$ ⑪ $\frac{4}{21}, \frac{4}{15}, \frac{4}{9}$ ⑫ $\frac{3}{8}, \frac{1}{2}, \frac{3}{4}$

⑬ $\frac{1}{6}, \frac{1}{4}, \frac{1}{2}$ ⑭ $\frac{4}{9}, \frac{5}{9}, \frac{20}{27}$ ⑮ $\frac{9}{20}, \frac{3}{5}, \frac{9}{10}$

⑯ $\frac{1}{6}, \frac{2}{9}, \frac{1}{3}$ ⑰ $\frac{1}{10}, \frac{3}{20}, \frac{3}{10}$ ⑱ $\frac{7}{20}, \frac{2}{5}, \frac{7}{15}$

**나눗셈의 원리** ● 계산 원리 이해

## 05 정해진 수로 나누기 48~49쪽

① $\frac{3}{4}, \frac{5}{8}, \frac{7}{12}$

② $\frac{9}{20}, \frac{7}{20}, \frac{1}{4}$

③ $\frac{5}{28}, \frac{9}{56}, \frac{1}{7}$

④ $\frac{5}{24}, \frac{1}{6}, \frac{1}{8}$

⑤ $\frac{7}{22}, \frac{5}{22}, \frac{3}{22}$

⑥ $\frac{5}{9}, \frac{4}{7}, \frac{3}{5}$

⑦ $\frac{2}{5}, \frac{3}{5}, \frac{4}{5}$

⑧ $\frac{3}{10}, \frac{1}{3}, \frac{3}{8}$

⑨ $\frac{3}{16}, \frac{3}{13}, \frac{3}{10}$

⑩ $\frac{1}{13}, \frac{4}{39}, \frac{5}{39}$

**나눗셈의 원리** ● 계산 원리 이해

## 06 계산하지 않고 크기 비교하기 50쪽

① $<$ ② $>$

③ $<$ ④ $<$

⑤ $>$ ⑥ $<$

⑦ $<$ ⑧ $>$

⑨ $<$ ⑩ $>$

⑪ $<$ ⑫ $<$

⑬ $>$ ⑭ $<$

⑮ $<$ ⑯ $>$

**나눗셈의 원리** ● 계산 원리 이해

## 07 검산하기 51~52쪽

① $\frac{5}{6}$ / $\frac{5}{6}, 1\frac{2}{3}$ ② $\frac{1}{2}$ / $\frac{1}{2}, 4\frac{1}{2}$

③ $\frac{2}{7}$ / $\frac{2}{7}, 1\frac{1}{7}$ ④ $\frac{3}{4}$ / $\frac{3}{4}, 5\frac{1}{4}$

⑤ $\frac{2}{5}$ / $\frac{2}{5}, 1\frac{1}{5}$ ⑥ $\frac{3}{7}$ / $\frac{3}{7}, 2\frac{4}{7}$

⑦ $\frac{14}{15}$ / $\frac{14}{15}, 4\frac{2}{3}$ ⑧ $\frac{4}{27}$ / $\frac{4}{27}, 1\frac{7}{9}$

⑨ $\frac{7}{12}$ / $\frac{7}{12}, 1\frac{1}{6}$ ⑩ $\frac{3}{26}$ / $\frac{3}{26}, 2\frac{7}{13}$

⑪ $\frac{2}{21}$ / $\frac{2}{21}, 1\frac{5}{7}$ ⑫ $\frac{5}{18}$ / $\frac{5}{18}, 2\frac{2}{9}$

⑬ $\frac{8}{33}$ / $\frac{8}{33}, 1\frac{5}{11}$ ⑭ $\frac{3}{8}$ / $\frac{3}{8}, 2\frac{5}{8}$

⑮ $\frac{2}{9}$ / $\frac{2}{9}, 3\frac{1}{3}$ ⑯ $\frac{3}{5}$ / $\frac{3}{5}, 2\frac{2}{5}$

**나눗셈의 원리** ● 계산 원리 이해

## 08 모르는 수 구하기 53쪽

① $\frac{3}{5}$ / $\frac{3}{5}$

② $\frac{4}{5}$ / $\frac{4}{5}$

③ $\frac{5}{21}$ / $\frac{5}{21}$

④ $\frac{5}{9}$ / $\frac{5}{9}$

⑤ $\frac{6}{11}$ / $\frac{6}{11}$

⑥ $\frac{3}{8}$ / $\frac{3}{8}$

⑦ $\frac{1}{5}$ / $\frac{1}{5}$

⑧ $\frac{3}{8}$ / $\frac{3}{8}$

⑨ $\frac{6}{7}$ / $\frac{6}{7}$

**나눗셈의 원리** ● 계산 방법 이해

## 09 한 마디의 길이 구하기 54쪽

① $4\frac{1}{2}\div3=\frac{3}{2}\left(=1\frac{1}{2}\right)$, $\frac{3}{2}\left(=1\frac{1}{2}\right)$

② $3\frac{1}{3}\div6=\frac{5}{9}$, $\frac{5}{9}$

③ $2\frac{7}{9}\div5=\frac{5}{9}$, $\frac{5}{9}$

④ $1\frac{3}{5}\div6=\frac{4}{15}$, $\frac{4}{15}$

⑤ $5\frac{1}{7}\div4=\frac{9}{7}\left(=1\frac{2}{7}\right)$, $\frac{9}{7}\left(=1\frac{2}{7}\right)$

⑥ $1\frac{7}{8}\div12=\frac{5}{32}$, $\frac{5}{32}$

**나눗셈의 활용** ● 수직선 활용

## 10 길 찾기 55쪽

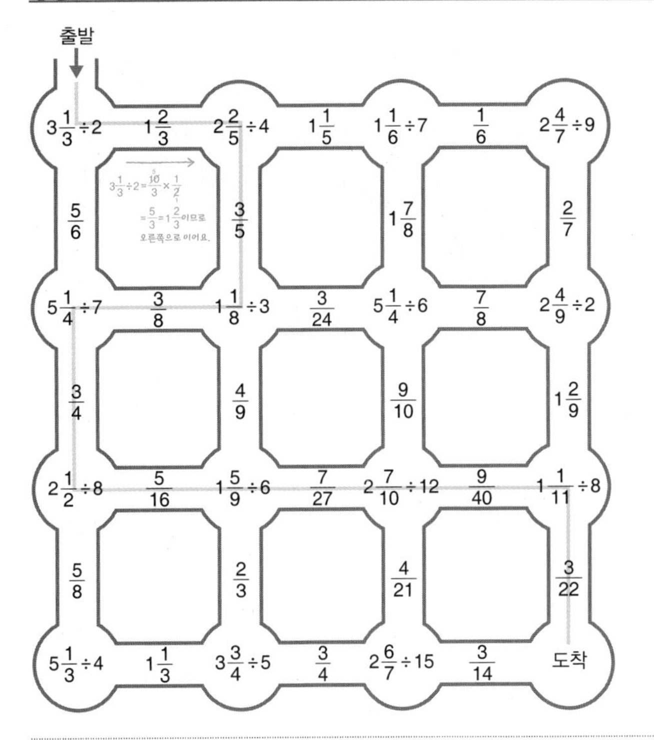


**나눗셈의 활용** ● 상황에 맞는 나눗셈

# 4 분수, 자연수의 곱셈과 나눗셈

분수가 섞여 있는 세 수의 곱셈과 나눗셈은 자연수의 혼합 계산과 같이 앞에서부터 차례로 해도 되지만 모두 곱셈으로 나타내서 한꺼번에 약분하여 계산하는 것이 더 편리합니다. 이때 대분수는 반드시 가분수로 고치고, 약분하는 과정에서 실수가 없도록 약분 표시를 하여 계산할 수 있도록 지도해 주세요.

## 01 두 수씩 차례로 계산하기 58~60쪽

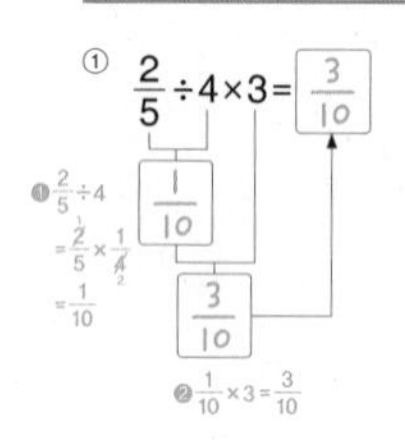


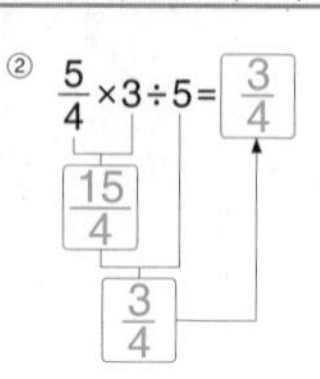


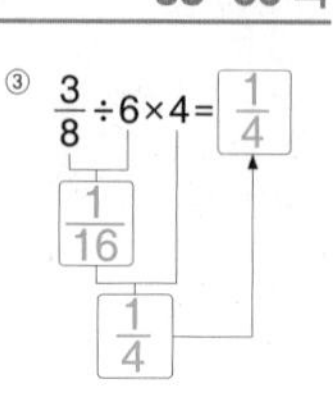


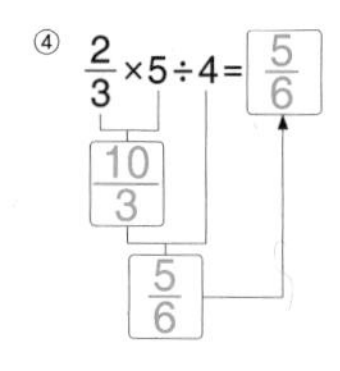


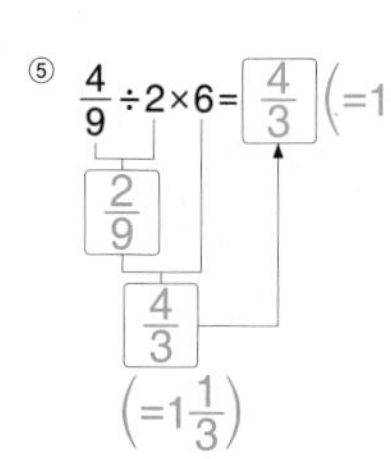


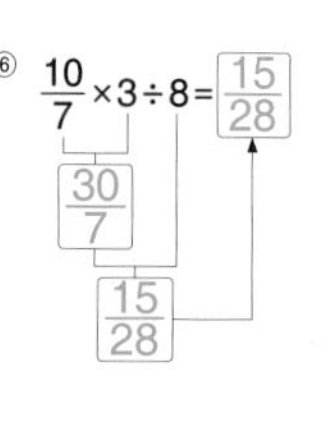


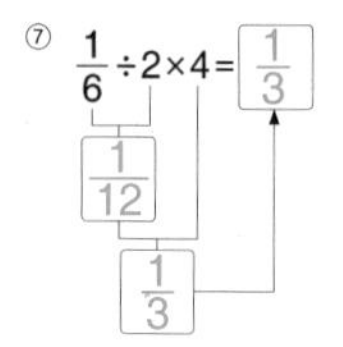


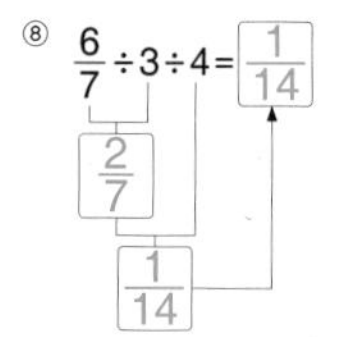


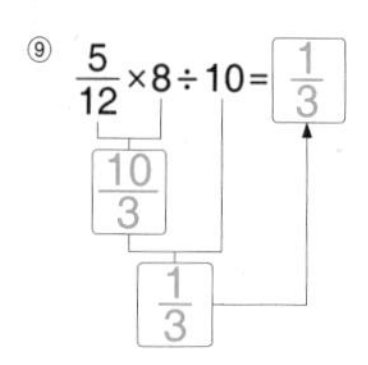


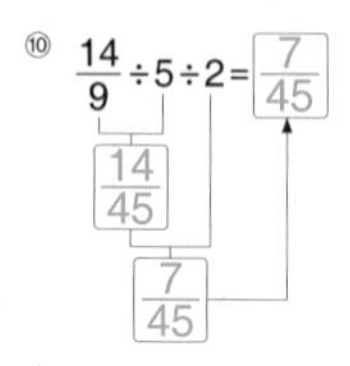


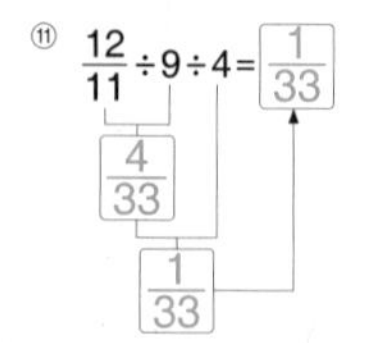


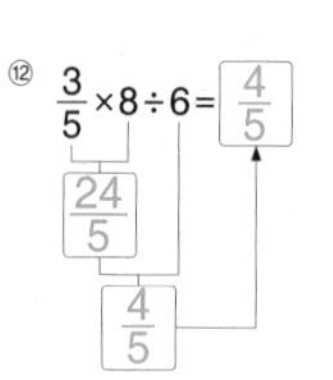


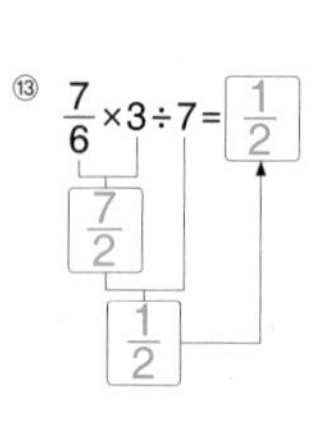


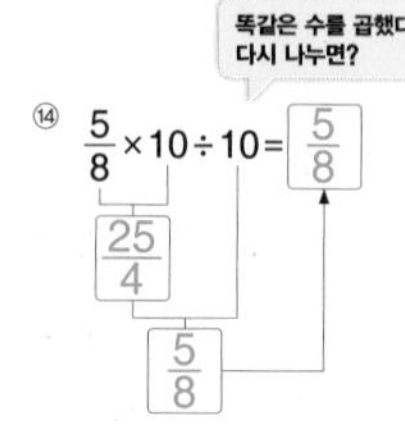


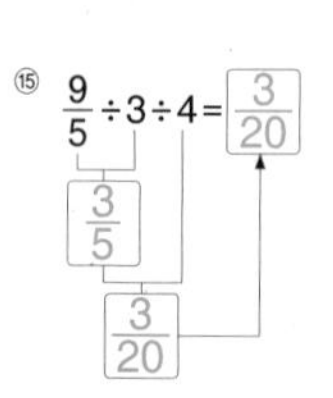


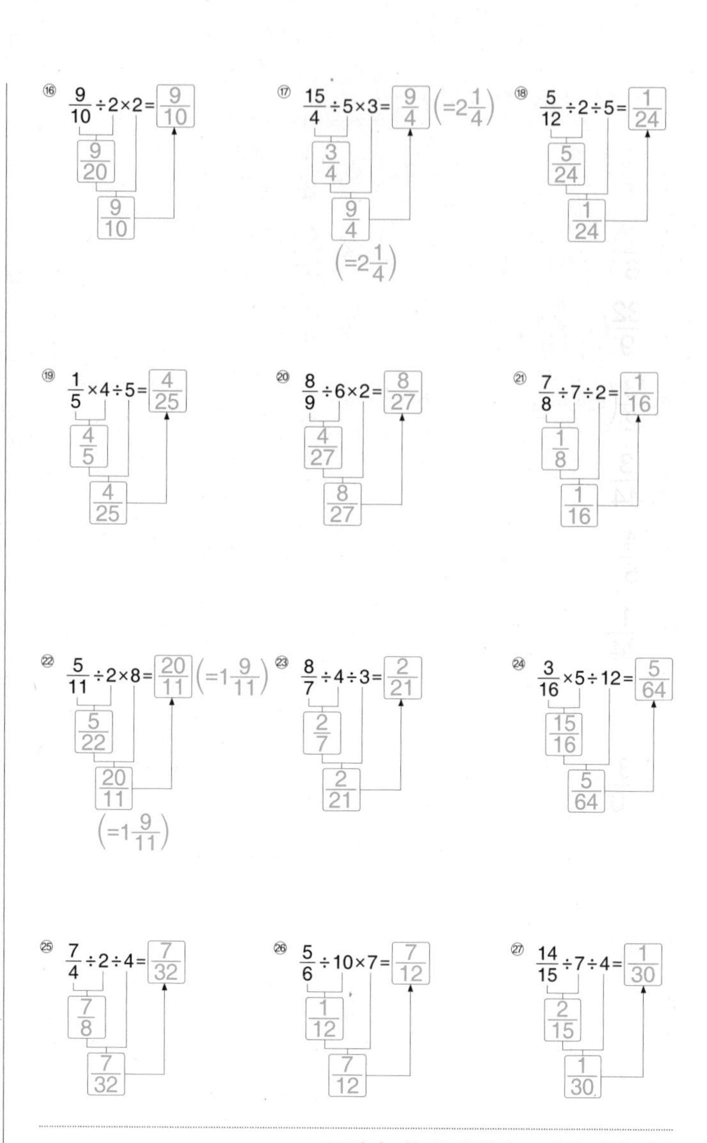


곱셈과 나눗셈의 원리 ● 계산 방법 이해

## 02 한꺼번에 계산하기 61~63쪽

① $\frac{4}{7}$
② $\frac{3}{4}$
③ $\frac{1}{6}$
④ $\frac{1}{18}$
⑤ $\frac{32}{9}\left(=3\frac{5}{9}\right)$
⑥ $\frac{15}{7}\left(=2\frac{1}{7}\right)$
⑦ $\frac{3}{2}\left(=1\frac{1}{2}\right)$
⑧ $\frac{7}{16}$
⑨ $\frac{3}{44}$
⑩ $\frac{2}{45}$
⑪ $\frac{4}{5}$
⑫ $\frac{3}{10}$
⑬ $\frac{1}{24}$
⑭ $\frac{9}{14}$
⑮ 1
⑯ $\frac{17}{10}\left(=1\frac{7}{10}\right)$
⑰ $\frac{3}{10}$
⑱ $\frac{8}{9}$
⑲ 3
⑳ $\frac{2}{33}$
㉑ $\frac{1}{52}$
㉒ $\frac{2}{51}$
㉓ 1
㉔ $\frac{8}{9}$
㉕ $\frac{1}{35}$
㉖ $\frac{9}{10}$
㉗ $\frac{18}{25}$
㉘ $\frac{2}{9}$
㉙ 2
㉚ $\frac{2}{27}$
㉛ $\frac{1}{8}$
㉜ $\frac{1}{2}$
㉝ $\frac{3}{34}$
㉞ $\frac{13}{12}\left(=1\frac{1}{12}\right)$
㉟ $\frac{21}{44}$
㊱ $\frac{27}{19}\left(=1\frac{8}{19}\right)$
㊲ $\frac{4}{69}$
㊳ 1
㊴ $\frac{8}{9}$
㊵ $\frac{7}{40}$
㊶ $\frac{10}{3}\left(=3\frac{1}{3}\right)$
㊷ $\frac{1}{12}$



## 03 대분수를 가분수로 바꾸어 계산하기 64~66쪽

① $\frac{2}{3}$
② 3
③ $\frac{1}{45}$
④ $\frac{10}{7}\left(=1\frac{3}{7}\right)$
⑤ $\frac{2}{5}$
⑥ $\frac{7}{9}$
⑦ $\frac{15}{16}$
⑧ 1
⑨ $\frac{1}{20}$
⑩ $\frac{4}{3}\left(=1\frac{1}{3}\right)$
⑪ $\frac{19}{15}\left(=1\frac{4}{15}\right)$
⑫ $\frac{1}{10}$
⑬ $\frac{9}{2}\left(=4\frac{1}{2}\right)$
⑭ $\frac{21}{4}\left(=5\frac{1}{4}\right)$
⑮ $\frac{23}{9}\left(=2\frac{5}{9}\right)$
⑯ $\frac{3}{5}$
⑰ $\frac{4}{7}$
⑱ 6
⑲ $\frac{4}{27}$
⑳ $\frac{8}{3}\left(=2\frac{2}{3}\right)$
㉑ $\frac{9}{20}$
㉒ $\frac{5}{4}\left(=1\frac{1}{4}\right)$
㉓ $\frac{4}{7}$
㉔ $\frac{3}{20}$
㉕ $\frac{3}{14}$
㉖ $\frac{5}{9}$
㉗ $\frac{24}{5}\left(=4\frac{4}{5}\right)$
㉘ $\frac{54}{7}\left(=7\frac{5}{7}\right)$
㉙ $\frac{4}{11}$
㉚ $\frac{3}{20}$
㉛ $\frac{7}{48}$
㉜ $\frac{2}{3}$
㉝ $\frac{5}{36}$
㉞ $\frac{7}{2}\left(=3\frac{1}{2}\right)$
㉟ $\frac{28}{15}\left(=1\frac{13}{15}\right)$
㊱ $\frac{4}{13}$
㊲ $\frac{27}{8}\left(=3\frac{3}{8}\right)$
㊳ $\frac{5}{21}$
㊴ 7
㊵ $\frac{5}{12}$
㊶ $\frac{4}{15}$
㊷ $\frac{7}{3}\left(=2\frac{1}{3}\right)$

## 04 등식 완성하기 67쪽

① $\frac{3}{5}$ ② $\frac{3}{7}$
③ $\frac{2}{3}$ ④ $\frac{2}{5}$
⑤ $\frac{5}{7}$ ⑥ $\frac{5}{6}$
⑦ $\frac{3}{4}$ ⑧ $\frac{8}{3}$
⑨ $\frac{8}{5}$ ⑩ $\frac{4}{5}$
⑪ $\frac{5}{9}$ ⑫ $\frac{5}{6}$
⑬ $\frac{7}{6}$ ⑭ $\frac{8}{3}$

곱셈과 나눗셈의 성질 ● 등식

## 05 1이 되는 식 만들기 68~69쪽

① 20 ② 6
③ 5 ④ 10
⑤ 12 ⑥ 3
⑦ 10 ⑧ 18
⑨ 4 ⑩ 3
⑪ 14 ⑫ 5
⑬ 22 ⑭ 12
⑮ $\frac{3}{4}$ ⑯ $\frac{2}{7}$
⑰ $\frac{8}{9}$ ⑱ $\frac{22}{3}(=7\frac{1}{3})$
⑲ $\frac{27}{4}(=6\frac{3}{4})$ ⑳ $\frac{4}{11}$
㉑ $\frac{15}{2}(=7\frac{1}{2})$ ㉒ $\frac{7}{2}(=3\frac{1}{2})$
㉓ $\frac{5}{6}$ ㉔ $\frac{25}{4}(=6\frac{1}{4})$
㉕ $\frac{9}{2}(=4\frac{1}{2})$ ㉖ $\frac{5}{2}(=2\frac{1}{2})$
㉗ $\frac{4}{3}(=1\frac{1}{3})$ ㉘ $\frac{20}{3}(=6\frac{2}{3})$

곱셈과 나눗셈의 감각 ● 수의 조작

# 5 (소수)÷(자연수)

소수와 자연수의 곱셈처럼 소수와 자연수의 나눗셈도 자연수의 나눗셈과 같이 계산한 다음 몫에 소수점을 찍어야 합니다. 몫의 소수점은 나누어지는 수의 소수점과 같은 자리에 맞추어 찍는다는 것을 꼭 기억하게 해 주세요.

## 01 분수의 나눗셈으로 바꾸어 계산하기 72~74쪽

① 24, 24, 12, 1.2
② 96, 96, 32, 3.2
③ 42, 42, 14, 1.4
④ 85, 85, 17, 1.7
⑤ 96, 96, 16, 1.6
⑥ 45, 45, 9, 0.9
⑦ 63, 63, 7, 0.7
⑧ 848, 848, 212, 2.12
⑨ 628, 628, 314, 3.14
⑩ 856, 856, 214, 2.14
⑪ 924, 924, 132, 1.32
⑫ 91, 91, 13, 0.13
⑬ 96, 96, 12, 0.12
⑭ 60, 60, 15, 0.15
⑮ 730, 730, 146, 1.46
⑯ 810, 810, 135, 1.35
⑰ 1350, 1350, 675, 6.75
⑱ 321, 321, 107, 1.07
⑲ 824, 824, 206, 2.06
⑳ 2135, 2135, 305, 3.05
㉑ 5454, 5454, 606, 6.06

나눗셈의 원리 ● 계산 원리 이해

## 02 자연수의 나눗셈으로 알아보기 75~77쪽

① 8, 0.8 ② 23, 2.3
③ 312, 3.12 ④ 121, 1.21
⑤ 13, 1.3 ⑥ 163, 1.63
⑦ 123, 1.23 ⑧ 183, 1.83
⑨ 16, 1.6 ⑩ 3, 0.3
⑪ 45, 0.45 ⑫ 14, 0.14
⑬ 4, 0.04 ⑭ 136, 1.36
⑮ 165, 1.65 ⑯ 85, 0.85
⑰ 104, 1.04 ⑱ 307, 3.07

나눗셈의 원리 ● 계산 원리 이해

## 03 (소수)÷(자연수)(1) 78~79쪽

① 2.4 ② 1.3 ③ 3.3
④ 2.1 ⑤ 1.2 ⑥ 4.3
⑦ 1.11 ⑧ 22.1 ⑨ 1.32
⑩ 3.34 ⑪ 1.22 ⑫ 1.11
⑬ 2.31 ⑭ 2.41 ⑮ 3.13
⑯ 1.43 ⑰ 3.11 ⑱ 2.12

나눗셈의 원리 ● 계산 방법 이해

## 04 (소수)÷(자연수)(2) 80~81쪽

① 4.6 ② 1.4 ③ 3.8
④ 1.9 ⑤ 12.6 ⑥ 11.4
⑦ 18.9 ⑧ 3.26 ⑨ 20.46
⑩ 2.31 ⑪ 32.3 ⑫ 13.4
⑬ 3.76 ⑭ 4.56 ⑮ 3.61
⑯ 12.26 ⑰ 13.35 ⑱ 4.56

나눗셈의 원리 ● 계산 방법 이해

## 05 몫이 1보다 작은 (소수)÷(자연수) 82~83쪽

① 0.5 ② 0.9 ③ 0.06
④ 0.38 ⑤ 0.27 ⑥ 0.93
⑦ 0.14 ⑧ 0.48 ⑨ 0.87
⑩ 0.24 ⑪ 0.17 ⑫ 0.61
⑬ 0.16 ⑭ 0.44 ⑮ 0.41
⑯ 0.87 ⑰ 0.58 ⑱ 0.79

나눗셈의 원리 ● 계산 방법 이해

## 06 소수점 아래 0을 내려 계산해야 하는 (소수)÷(자연수) 84~85쪽

① 0.15 ② 0.18 ③ 0.35
④ 0.65 ⑤ 0.72 ⑥ 0.95
⑦ 1.38 ⑧ 1.45 ⑨ 3.55
⑩ 8.34 ⑪ 8.45 ⑫ 3.26
⑬ 2.15 ⑭ 1.95 ⑮ 0.85
⑯ 2.86 ⑰ 1.115 ⑱ 0.265

나눗셈의 원리 ● 계산 방법 이해

## 07 몫의 소수 첫째 자리에 0이 있는 (소수)÷(자연수)

86~87쪽

① 1.04　② 3.07　③ 1.09
④ 5.02　⑤ 18.08　⑥ 4.03
⑦ 2.06　⑧ 12.01　⑨ 4.05
⑩ 9.09　⑪ 16.05　⑫ 13.06
⑬ 5.07　⑭ 3.08　⑮ 2.04
⑯ 5.07　⑰ 3.05　⑱ 6.09

나눗셈의 원리 ● 계산 방법 이해

### (소수)÷(자연수)에서의 계산 오류

(소수)÷(자연수)를 계산할 때 다음과 같은 오류를 범하지 않도록 주의를 기울여 계산할 수 있도록 지도해 주세요.

① 소수점을 찍지 않는 경우
　예 73.6÷8=92 (×) → 73.6÷8=9.2 (○)

② 나누어지는 수의 소수점 아래 자리 수와 같지 않게 소수점을 찍는 경우
　예 6.25÷5=12.5 (×) → 6.25÷5=1.25 (○)

③ 몫의 소수 첫째 자리에 0을 쓰지 않는 경우
　예 24.2÷4=6.5 (×) → 24.2÷4=6.05 (○)

## 08 가로셈

88~91쪽

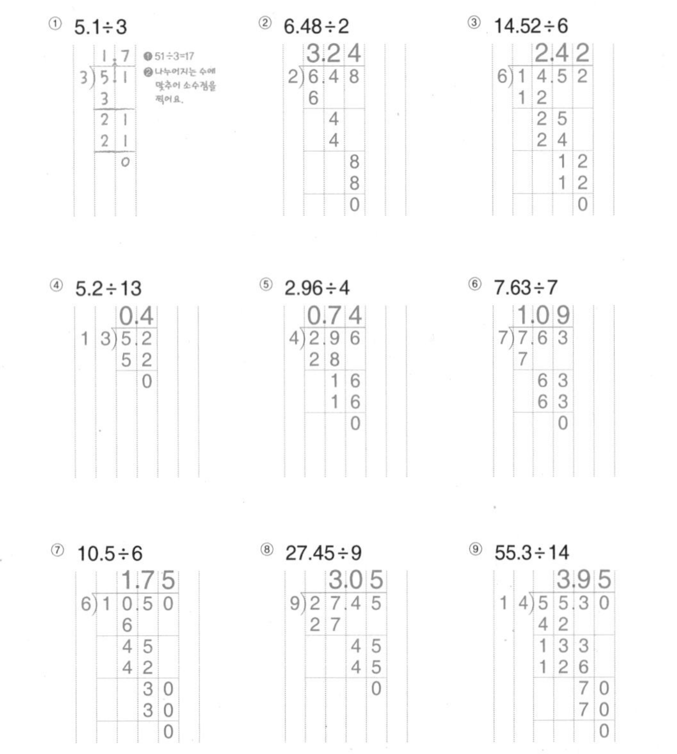


⑩ 6.69÷3
2.23
3)6.69
6
6
6
9
9
0

⑪ 20.8÷8
2.6
8)20.8
16
48
48
0

⑫ 1.45÷5
0.29
5)1.45
10
45
45
0

⑬ 1.1÷2
0.55
2)1.10
10
10
10
0

⑭ 18.54÷9
2.06
9)18.54
18
54
54
0

⑮ 46.52÷4
11.63
4)46.52
4
6
4
25
24
12
12
0

⑯ 23.3÷5
4.66
5)23.30
20
33
30
30
30
0

⑰ 4.55÷7
0.65
7)4.55
42
35
35
0

⑱ 84.48÷6
14.08
6)84.48
6
24
24
48
48
0

⑲ 4.84÷4
1.21
4)4.84
4
8
8
4
4
0

⑳ 0.54÷2
0.27
2)0.54
4
14
14
0

㉑ 22.2÷6
3.7
6)22.2
18
42
42
0

㉒ 55.59÷3
18.53
3)55.59
3
25
24
15
15
9
9
0

㉓ 3.4÷4
0.85
4)3.40
32
20
20
0

㉔ 7.36÷8
0.92
8)7.36
72
16
16
0

㉕ 86.67÷9
9.63
9)86.67
81
56
54
27
27
0

㉖ 16.5÷6
2.75
6)16.50
12
45
42
30
30
0

㉗ 92.2÷4
23.05
4)92.20
8
12
12
20
20
0

㉘ 47.4÷5

```
    9.48
5)47.40
  45
   24
   20
    40
    40
     0
```

㉙ 6.51÷21

```
     0.31
21)6.51
   63
    21
    21
     0
```

㉚ 32.25÷15

```
     2.15
15)32.25
   30
    22
    15
     75
     75
      0
```

㉛ 31.5÷35

```
     0.9
35)31.5
   315
     0
```

㉜ 96.4÷8

```
   12.05
8)96.40
  8
  16
  16
    40
    40
     0
```

㉝ 52.2÷12

```
     4.35
12)52.20
   48
    42
    36
     60
     60
      0
```

㉞ 97.92÷32

```
     3.06
32)97.92
   96
    192
    192
      0
```

㉟ 73.25÷25

```
     2.93
25)73.25
   50
   232
   225
     75
     75
      0
```

㊱ 12.15÷45

```
     0.27
45)12.15
    90
    315
    315
      0
```



## 09 커지는 수로 나누기 92~93쪽

① 19.8, 1.98, 0.198 ② 1.5, 0.15, 0.015

③ 5.7, 0.57, 0.057 ④ 20.8, 2.08, 0.208

⑤ 4.36, 0.436, 0.0436 ⑥ 6.03, 0.603, 0.0603

⑦ 3.57, 0.357, 0.0357 ⑧ 81.7, 8.17, 0.817

⑨ 0.23, 0.023, 0.0023 ⑩ 0.84, 0.084, 0.0084

⑪ 1.69, 0.169, 0.0169 ⑫ 2.46, 0.246, 0.0246

⑬ 0.752, 0.0752, 0.00752

⑭ 0.195, 0.0195, 0.00195

⑮ 5.08, 0.508, 0.0508

⑯ 0.405, 0.0405, 0.00405



## 10 정해진 수로 나누기 94~96쪽

① 4로 나누어 보세요.

나누어지는 수가 $\frac{1}{10}$이 되면 몫도 $\frac{1}{10}$이 돼요.

```
   8        0.8       0.08       0.008
4)32      4)3.2     4)0.32     4)0.032
  32        32         32          32
   0         0          0           0
```

② 9로 나누어 보세요.

```
   6        0.6       0.06       0.006
9)54      9)5.4     9)0.54     9)0.054
  54        54         54          54
   0         0          0           0
```

③ 2로 나누어 보세요.

```
  49        4.9       0.49       0.049
2)98      2)9.8     2)0.98     2)0.098
  8         8          8           8
  18        18         18          18
  18        18         18          18
   0         0          0           0
```

④ 5로 나누어 보세요.

```
  13        1.3       0.13       0.013
5)65      5)6.5     5)0.65     5)0.065
  5         5          5           5
  15        15         15          15
  15        15         15          15
   0         0          0           0
```

⑤ 8로 나누어 보세요.

```
   34        3.4        0.34        0.034
8)272     8)27.2     8)2.72     8)0.272
  24        24         24           24
   32        32         32           32
   32        32         32           32
    0         0          0            0
```

⑥ 3으로 나누어 보세요.

```
  238        23.8       2.38       0.238
3)714     3)71.4     3)7.14     3)0.714
  6         6          6            6
  11        11         11           11
   9         9          9            9
   24        24         24           24
   24        24         24           24
    0         0          0            0
```

⑦ 7로 나누어 보세요.

53
7)371
35
21
21
0

5.3
7)37.1
35
21
21
0

0.53
7)3.71
35
21
21
0

0.053
7)0.371
35
21
21
0

⑧ 6으로 나누어 보세요.

29
6)174
12
54
54
0

2.9
6)17.4
12
54
54
0

0.29
6)1.74
12
54
54
0

0.029
6)0.174
12
54
54
0

⑨ 9로 나누어 보세요.

173
9)1557
9
65
63
27
27
0

17.3
9)155.7
9
65
63
27
27
0

1.73
9)15.57
9
65
63
27
27
0

0.173
9)1.557
9
65
63
27
27
0

**나눗셈의 원리 ● 계산 원리 이해**

## 11 검산하기 97~99쪽

①
5.8
7)40.6
35
56
56
0
→ 5.8 몫에 × 7 나누는 수를 곱해서 = 40.6 나누어지는 수가 되었으므로 ↓ 나눗셈을 바르게 한 거예요.

②
3.2
8)25.6
24
16
16
0
→ 3.2 × 8 = 25.6

③
9.8
4)39.2
36
32
32
0
→ 9.8 × 4 = 39.2

④
6.5
5)32.5
30
25
25
0
→ 6.5 × 5 = 32.5

⑤
8.6
3)25.8
24
18
18
0
→ 8.6 × 3 = 25.8

⑥
5.1
9)45.9
45
9
9
0
→ 5.1 × 9 = 45.9

⑦
5.3
5)26.5
25
15
15
0
→ 5.3 × 5 = 26.5

⑧
6.7
6)40.2
36
42
42
0
→ 6.7 × 6 = 40.2

⑨
7.91
2)15.82
14
18
18
2
2
0
→ 7.91 × 2 = 15.82

⑩
4.53
6)27.18
24
31
30
18
18
0
→ 4.53 × 6 = 27.18

⑪
14.02
3)42.06
3
12
12
6
6
0
→ 14.02 × 3 = 42.06

⑫
7.45
5)37.25
35
22
20
25
25
0
→ 7.45 × 5 = 37.25

⑬
2.28
9)20.52
18
25
18
72
72
0
→ 2.28 × 9 = 20.52

⑭
8.68
7)60.76
56
47
42
56
56
0
→ 8.68 × 7 = 60.76

⑮
7.76
5)38.80
35
38
35
30
30
0
→ 7.76 × 5 = 38.8

⑯
24.7
3)74.1
6
14
12
21
21
0
→ 24.7 × 3 = 74.1

⑰
4.22
6)25.32
24
13
12
12
12
0
→ 4.22 × 6 = 25.32

⑱
12.02
8)96.16
8
16
16
16
16
0
→ 12.02 × 8 = 96.16

**나눗셈의 원리 ● 계산 원리 이해**

## 12 반올림하여 몫 구하기 100~102쪽

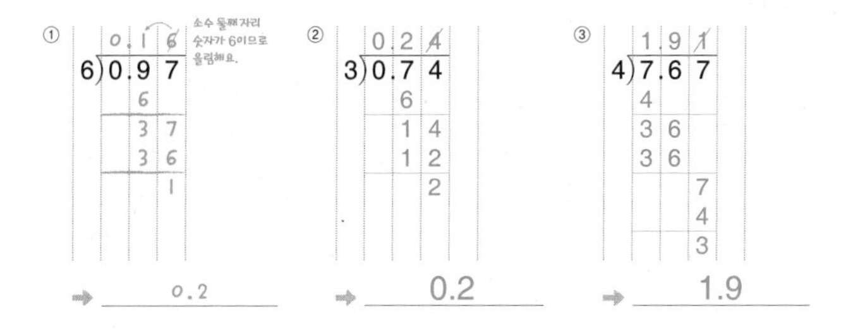

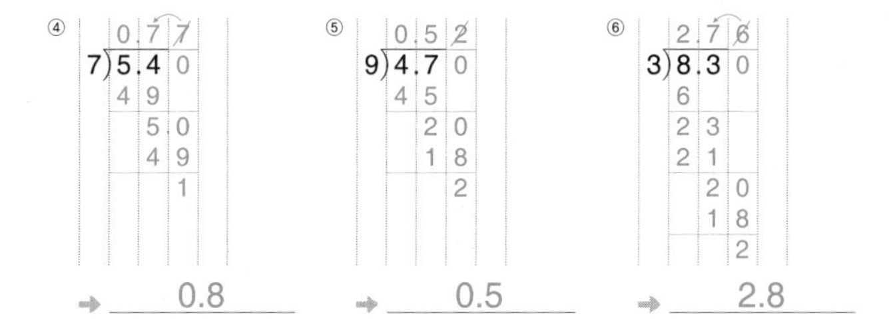

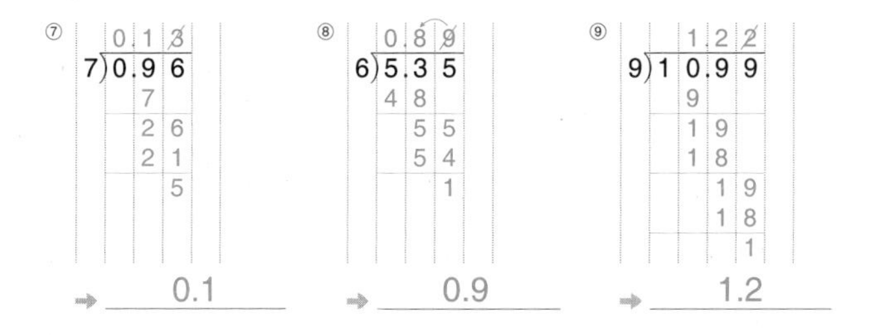

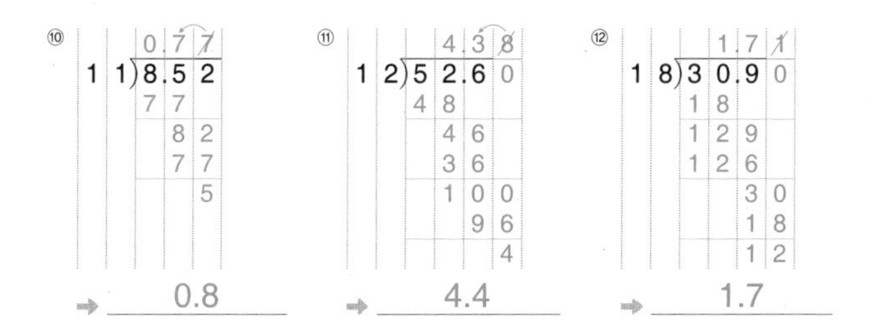

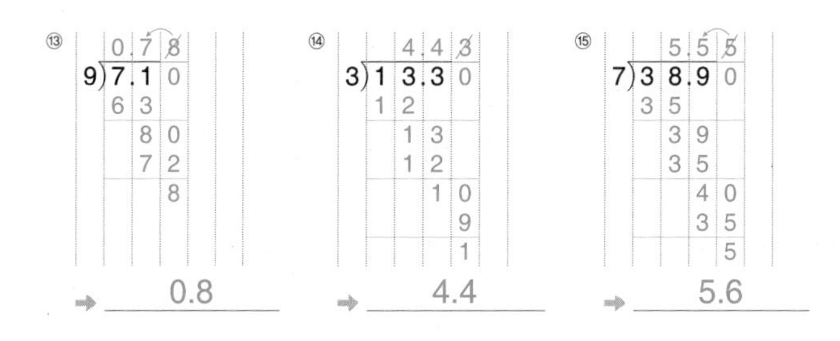

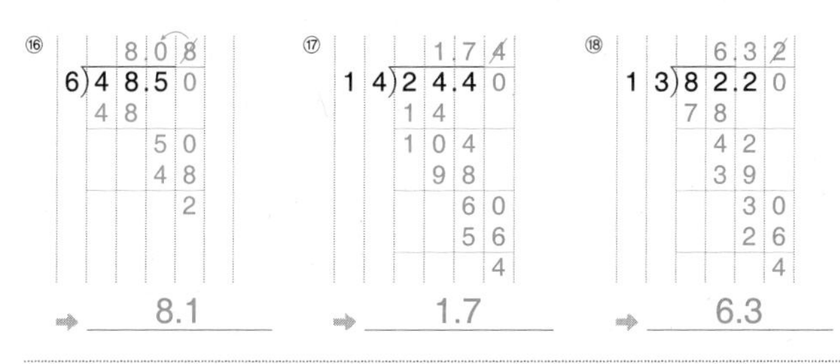

나눗셈의 원리 ● 계산 원리 이해

## 13 모르는 수 구하기 103쪽

① 5.8, 5.8 ② 1.57, 1.57
③ 0.84, 0.84 ④ 4.15, 4.15
⑤ 2.09, 2.09 ⑥ 2.6, 2.6
⑦ 3.74, 3.74 ⑧ 0.28, 0.28
⑨ 8.62, 8.62 ⑩ 7.05, 7.05

나눗셈의 원리 ● 계산 방법 이해

## 14 나눗셈식 완성하기 104쪽

① ㉠3.4 / 4)13.㉣6 / 12 / 1㉢6 / ㉡16 / 0

• 4×㉠=12, ㉠=3
• 4×4=㉡, ㉡=16
• 1㉢−16=0, ㉢=6
• ㉣=㉢=6

② 2.5 / 7)17.5 / 14 / 35 / 35 / 0

③ 7.06 / 9)63.54 / 63 / 54 / 54 / 0

④ 19.8 / 2)39.6 / 2 / 19 / 18 / 16 / 16 / 0

⑤ 3.42 / 5)17.1 / 15 / 21 / 20 / 10 / 10 / 0

⑥ 5.9 / 6)35.4 / 30 / 54 / 54 / 0

⑦ 6.82 / 4)27.28 / 24 / 32 / 32 / 8 / 8 / 0

⑧ 4.05 / 8)32.4 / 32 / 40 / 40 / 0

⑨ 7.35 / 2)14.7 / 14 / 7 / 6 / 10 / 10 / 0

나눗셈의 감각 ● 수의 조작

## 15 내가 만드는 나눗셈식 105쪽

① 예 4.8, 2
② 예 4.2, 7
③ 예 2.4, 3
④ 예 2.5, 5
⑤ 예 3.9, 3
⑥ 예 6.4, 2
⑦ 예 4.5, 3
⑧ 예 5.2, 2
⑨ 예 0.28, 4
⑩ 예 0.09, 3
⑪ 예 0.48, 4
⑫ 예 0.48, 2
⑬ 예 2.08, 2
⑭ 예 6.39, 3
⑮ 예 6.48, 2
⑯ 예 15.63, 3

나눗셈의 감각 ● 나눗셈의 다양성

# 6 (자연수)÷(자연수)를 소수로 나타내기

몫을 자연수 범위로 한정하고 나머지를 구했던 자연수 나눗셈과 달리 (자연수)÷(자연수)에서 몫을 소수로 나타내 봅니다. 자연수의 나눗셈을 이용하여 소수의 나눗셈의 원리와 계산 방법을 이해할 수 있도록 지도해 주세요. 특히 소수점의 위치가 나누어지는 자연수 바로 뒤와 같음을 주의하도록 해 주세요.

## 01 분수로 바꾸어 계산하기 108~110쪽

① 5, 5, $\frac{5}{10}$, 0.5

② 2, 2, $\frac{4}{10}$, 0.4

③ 25, 25, $\frac{25}{100}$, 0.25

④ 5, 5, $\frac{15}{100}$, 0.15

⑤ 5, 5, $\frac{35}{10}$, 3.5

⑥ 2, 2, $\frac{22}{100}$, 0.22

⑦ 4, 4, $\frac{36}{100}$, 0.36

⑧ 2, 2, $\frac{8}{10}$, 0.8

⑨ 5, 5, $\frac{25}{10}$, 2.5

⑩ 25, 25, $\frac{75}{100}$, 0.75

⑪ 2, 2, $\frac{2}{100}$, 0.02

⑫ 5, 5, $\frac{65}{100}$, 0.65

⑬ 5, 5, $\frac{85}{10}$, 8.5

⑭ 4, 4, $\frac{28}{100}$, 0.28

⑮ 2, 2, $\frac{42}{100}$, 0.42

⑯ 2, 2, $\frac{12}{10}$, 1.2

⑰ 5, 5, $\frac{95}{100}$, 0.95

⑱ 25, 25, $\frac{275}{100}$, 2.75

⑲ 5, 5, $\frac{75}{10}$, 7.5

⑳ 4, 4, $\frac{12}{100}$, 0.12

㉑ 5, 5, $\frac{215}{100}$, 2.15

나눗셈의 원리 ● 계산 원리 이해

## 02 자연수의 나눗셈으로 알아보기 111~113쪽

| | |
|---|---|
| ① 2, 0.2 | ② 15, 1.5 |
| ③ 2, 0.2 | ④ 125, 1.25 |
| ⑤ 25, 0.25 | ⑥ 35, 0.35 |
| ⑦ 28, 2.8 | ⑧ 25, 0.25 |
| ⑨ 175, 1.75 | ⑩ 5, 0.05 |
| ⑪ 31, 3.1 | ⑫ 112, 1.12 |
| ⑬ 65, 6.5 | ⑭ 75, 0.75 |
| ⑮ 44, 4.4 | ⑯ 125, 1.25 |
| ⑰ 45, 0.45 | ⑱ 135, 1.35 |

나눗셈의 원리 ● 계산 원리 이해

## 03 세로셈 114~116쪽

| | | |
|---|---|---|
| ① 0.6 | ② 4.5 | ③ 1.2 |
| ④ 0.5 | ⑤ 0.25 | ⑥ 3.5 |
| ⑦ 0.06 | ⑧ 0.45 | ⑨ 1.44 |
| ⑩ 1.1 | ⑪ 2.4 | ⑫ 10.5 |
| ⑬ 0.6 | ⑭ 1.25 | ⑮ 0.28 |
| ⑯ 3.75 | ⑰ 0.44 | ⑱ 1.25 |
| ⑲ 0.2 | ⑳ 1.5 | ㉑ 1.6 |
| ㉒ 2.25 | ㉓ 5.5 | ㉔ 1.05 |
| ㉕ 1.75 | ㉖ 0.24 | ㉗ 0.46 |

나눗셈의 원리 ● 계산 방법과 자릿값의 이해

## 04 가로셈 117~118쪽

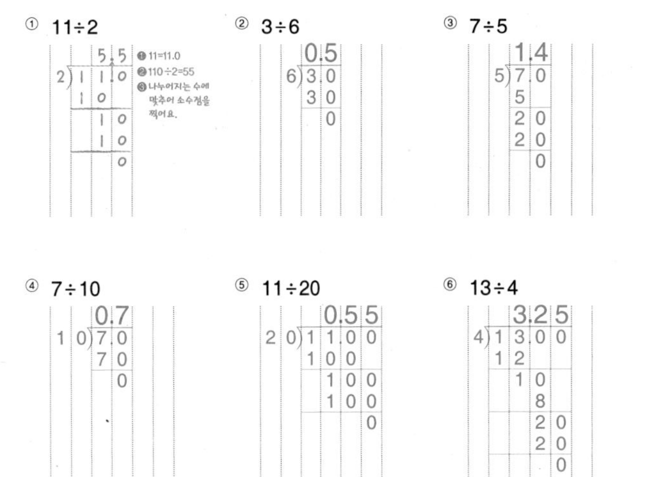

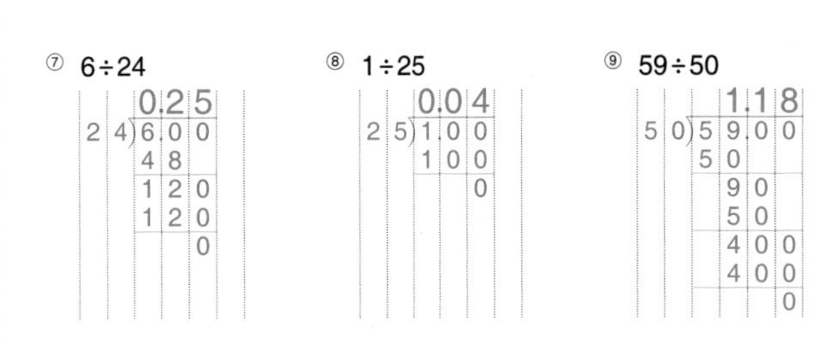

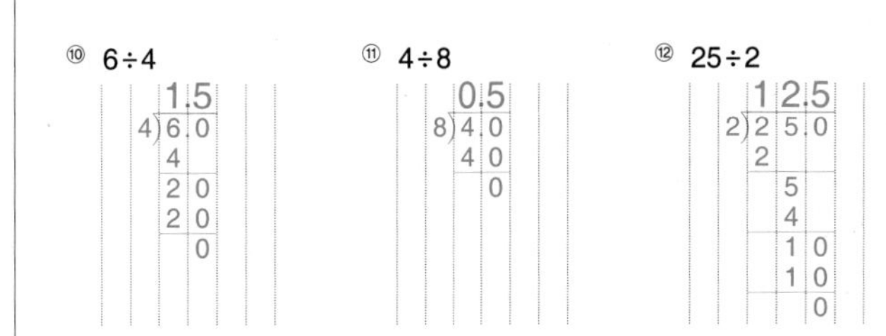

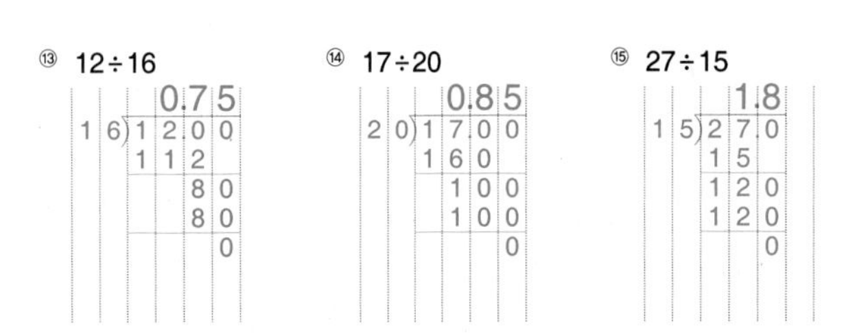

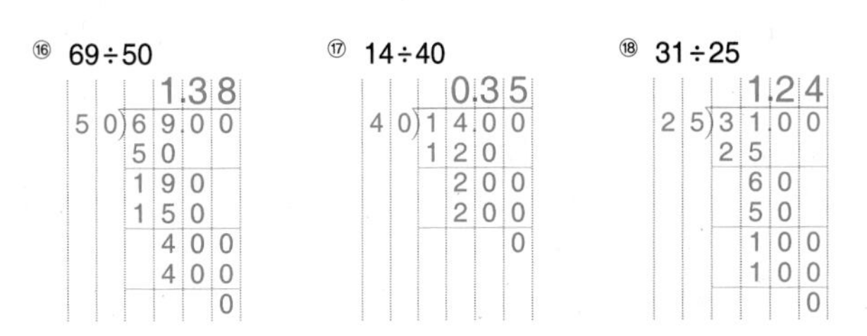

나눗셈의 원리 ● 계산 방법과 자릿값의 이해

## 05 정해진 수로 나누기 119~120쪽

① 4로 나누어 보세요. 나누어지는 수가 $\frac{1}{10}$이 되면 몫도 $\frac{1}{10}$이 돼요.

| 25 | 2.5 | 0.25 | 0.025 |
|---|---|---|---|
| 4)100 | 4)10.0 | 4)1.00 | 4)0.100 |
| 8 | 8 | 8 | 8 |
| 20 | 20 | 20 | 20 |
| 20 | 20 | 20 | 20 |
| 0 | 0 | 0 | 0 |

② 8로 나누어 보세요.

| 75 | 7.5 | 0.75 | 0.075 |
|---|---|---|---|
| 8)600 | 8)60.0 | 8)6.00 | 8)0.600 |
| 56 | 56 | 56 | 56 |
| 40 | 40 | 40 | 40 |
| 40 | 40 | 40 | 40 |
| 0 | 0 | 0 | 0 |

③ 20으로 나누어 보세요.

| 15 | 1.5 | 0.15 | 0.015 |
|---|---|---|---|
| 20)300 | 20)30.0 | 20)3.00 | 20)0.300 |
| 20 | 20 | 20 | 20 |
| 100 | 100 | 100 | 100 |
| 100 | 100 | 100 | 100 |
| 0 | 0 | 0 | 0 |

④ 16으로 나누어 보세요.

| 25 | 2.5 | 0.25 | 0.025 |
|---|---|---|---|
| 16)400 | 16)40.0 | 16)4.00 | 16)0.400 |
| 32 | 32 | 32 | 32 |
| 80 | 80 | 80 | 80 |
| 80 | 80 | 80 | 80 |
| 0 | 0 | 0 | 0 |

⑤ 25로 나누어 보세요.

| 32 | 3.2 | 0.32 | 0.032 |
|---|---|---|---|
| 25)800 | 25)80.0 | 25)8.00 | 25)0.800 |
| 75 | 75 | 75 | 75 |
| 50 | 50 | 50 | 50 |
| 50 | 50 | 50 | 50 |
| 0 | 0 | 0 | 0 |

⑥ 12로 나누어 보세요.

| 75 | 7.5 | 0.75 | 0.075 |
|---|---|---|---|
| 12)900 | 12)90.0 | 12)9.00 | 12)0.900 |
| 84 | 84 | 84 | 84 |
| 60 | 60 | 60 | 60 |
| 60 | 60 | 60 | 60 |
| 0 | 0 | 0 | 0 |

나눗셈의 원리 ● 계산 원리 이해

## 06 모르는 수 구하기 121쪽

① 1.8, 1.8
② 0.4, 0.4
③ 3.5, 3.5
④ 0.85, 0.85
⑤ 0.25, 0.25
⑥ 0.8, 0.8
⑦ 0.75, 0.75
⑧ 1.5, 1.5
⑨ 0.52, 0.52
⑩ 0.98, 0.98

나눗셈의 원리 ● 계산 방법 이해

## 07 어림하여 몫의 소수점의 위치 찾기 122~123쪽

① 예 60, 12 / 11.6
② 예 20, 5 / 5.25
③ 예 24, 2 / 2.25
④ 예 40, 5 / 4.75
⑤ 예 96, 16 / 16.5
⑥ 예 25, 1 / 1.04
⑦ 예 40, 2 / 2.25
⑧ 예 96, 8 / 7.75
⑨ 예 96, 6 / 5.75
⑩ 예 30, 15 / 15.5
⑪ 예 20, 1 / 1.35
⑫ 예 60, 12 / 12.4
⑬ 예 76, 19 / 18.75
⑭ 예 100, 5 / 4.75
⑮ 예 44, 22 / 22.5
⑯ 예 72, 12 / 12.5
⑰ 예 84, 7 / 6.75
⑱ 예 88, 11 / 11.25
⑲ 예 72, 3 / 3.25

나눗셈의 감각 ● 수의 조작

### 소수의 나눗셈에서 어림의 필요성

어림은 정확한 값이 아닌 대략적인 값을 구하는 것이므로 기대되는 답을 예측할 수 있고, 계산 결과가 맞는지 확인할 수 있습니다. 따라서 계산하기 전에 어림해 보는 과정은 필요합니다. 특히 소수의 나눗셈에서는 어림을 통하여 올바른 위치에 소수점을 찍을 수 있습니다. 소수의 나눗셈에서 소수점의 위치를 정할 때 어려움을 느끼는 학생들이 많은데 어림을 이용하여 몫의 자연수 부분이 몇 자리 수인지 파악하여 소수점을 잘못 찍는 실수를 줄일 수 있도록 지도해 주세요.

## 08 길 찾기 124쪽

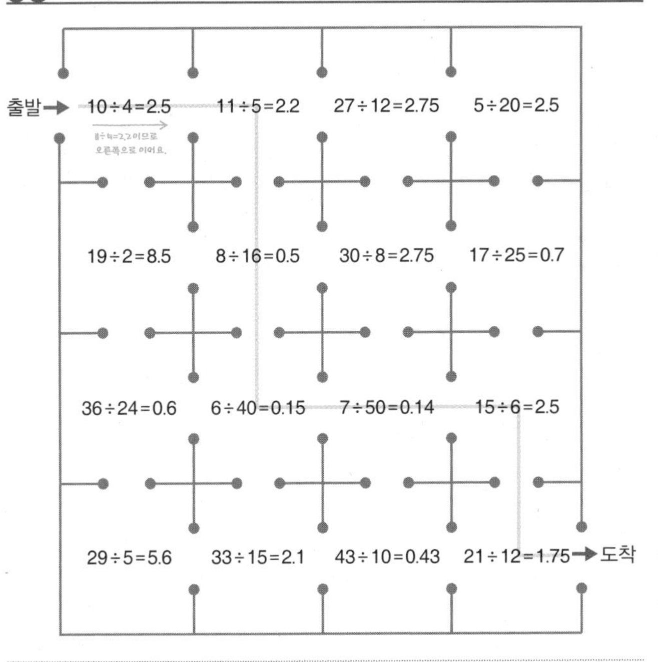


나눗셈의 활용 ● 상황에 맞는 나눗셈

## 09 알파벳으로 나눗셈하기 125쪽

① 0.4 ② 1.2
③ 0.8 ④ 0.84
⑤ 0.25 ⑥ 2.25
⑦ 2.5 ⑧ 3.6
⑨ 0.08 ⑩ 1.25
⑪ 1.8 ⑫ 1.75

나눗셈의 활용 ● 나눗셈식의 추상화

**대입**
대입이란 기존에 있던 것을 대신하여 다른 것을 넣는다는 뜻으로 문자를 포함한 식에서 문자를 어떤 수나 식으로 바꾸어 넣는 것입니다.
중등 이후 과정에서 대입은 방정식 등에서 자주 사용되므로 자연스럽게 대입을 미리 경험해 보는 것도 사고의 확장에 도움이 됩니다.

# 7 비와 비율

비는 두 수를 나눗셈으로 비교한 것이므로 기준량과 비교하는 양을 혼동하면 전혀 다른 답을 구하게 됩니다. 기호 :의 오른쪽에 기준량, 왼쪽에 비교하는 양을 두며, '■에 대한'이라는 표현에서 ■가 기준량이라는 것을 알려 주세요. 비율을 분수로 나타낼 때에는, 필요한 경우 기약분수로 나타내지만 항상 그럴 필요는 없습니다.

## 01 비교하는 양, 기준량 알아보기 128~129쪽

① 4, 5
② 3, 2
③ 5, 6
④ 7, 3
⑤ 5, 12
⑥ 4, 3
⑦ 4, 3
⑧ 6, 7
⑨ 8, 17
⑩ 22, 9
⑪ 8, 1
⑫ 2, 5
⑬ 11, 20
⑭ 3, 13
⑮ 5, 8
⑯ 16, 13
⑰ 8, 25
⑱ 19, 4
⑲ 7, 16
⑳ 9, 7

비의 원리 ● 계산 방법 이해

## 02 색칠한 부분의 비 구하기 130쪽

① 1, 2 ② 1, 4 ③ 3, 4
④ 3, 8 ⑤ 1, 3 ⑥ 7, 8
⑦ 5, 8 ⑧ 5, 6 ⑨ 4, 9

비의 원리 ● 계산 원리 이해

## 03 간 거리의 비 구하기 131~132쪽

① 5, 3 / 5, 8

② 3, 4 / 3, 7

③ 9, 1 / 9, 10

④ 2, 7 / 2, 9

⑤ 8, 4 / 8, 12

⑥ 9, 2 / 9, 11

⑦ 3, 10 / 3, 13

⑧ 7, 8 / 7, 15

**비의 원리** ● 계산 원리 이해

## 04 비율로 나타내기 133~135쪽

① $\frac{1}{2}$, 0.5

② $\frac{3}{10}$, 0.3

③ $\frac{1}{5}$, 0.2

④ $\frac{4}{5}$, 0.8

⑤ $\frac{4}{5}$, 0.8

⑥ $\frac{7}{20}$, 0.35

⑦ $\frac{3}{4}$, 0.75

⑧ $\frac{9}{10}$, 0.9

⑨ $\frac{6}{25}$, 0.24

⑩ $\frac{24}{25}$, 0.96

⑪ $\frac{2}{5}$, 0.4

⑫ $\frac{1}{5}$, 0.2

⑬ $\frac{4}{5}$, 0.8

⑭ $\frac{6}{25}$, 0.24

⑮ $\frac{7}{10}$, 0.7

⑯ $\frac{1}{4}$, 0.25

⑰ $\frac{1}{2}$, 0.5

⑱ $\frac{2}{5}$ 0.4

⑲ $\frac{1}{10}$, 0.1

⑳ $\frac{11}{20}$, 0.55

㉑ $\frac{11}{10}\left(=1\frac{1}{10}\right)$, 1.1

㉒ $\frac{19}{20}$, 0.95

㉓ $\frac{3}{5}$, 0.6

㉔ $\frac{4}{5}$, 0.8

㉕ $\frac{3}{10}$, 0.3

㉖ $\frac{4}{5}$, 0.8

㉗ $\frac{13}{25}$, 0.52

㉘ $\frac{3}{4}$, 0.75

㉙ $\frac{59}{50}\left(=1\frac{9}{50}\right)$, 1.18

㉚ $\frac{21}{25}$, 0.84

**비율의 원리** ● 계산 방법 이해

## 05 여러 가지 비율 구하기 136~137쪽

① $\frac{1}{8}$, $\frac{1}{4}$, $\frac{1}{2}$, 1
② $\frac{1}{6}$, $\frac{1}{3}$, $\frac{1}{2}$, 1
③ $\frac{1}{20}$, $\frac{1}{4}$, $\frac{1}{2}$, 1
④ $\frac{1}{15}$, $\frac{1}{5}$, $\frac{1}{3}$, 1
⑤ $\frac{1}{20}$, $\frac{1}{10}$, $\frac{1}{4}$, $\frac{1}{2}$
⑥ $\frac{1}{30}$, $\frac{1}{10}$, $\frac{1}{3}$, $\frac{1}{2}$
⑦ 8, 4, 2, 1
⑧ 6, 3, 2, 1
⑨ 20, 4, 2, 1
⑩ 15, 5, 3, 1
⑪ 20, 10, 4, 2
⑫ 30, 10, 3, 2

비율의 원리 ● 계산 원리 이해

## 06 1보다 큰 비율, 1보다 작은 비율 138~139쪽

① (○) (○) ( ) ( )
② ( ) (○) (○) ( )
③ (○) ( ) (○) ( )
④ (○) (○) ( ) ( )
⑤ (○) ( ) (○) ( )

① ( ) (○) ( ) (○)
② ( ) ( ) (○) (○)
③ (○) (○) ( ) ( )
④ ( ) (○) (○) ( )
⑤ (○) ( ) (○) ( )

비율의 원리 ● 계산 원리 이해

## 07 백분율로 나타내기 140~142쪽

① $\frac{1}{10}$, 0.1, 10 %
② $\frac{1}{2}$, 0.5, 50 %
③ $\frac{1}{4}$, 0.25, 25 %
④ $\frac{1}{20}$, 0.05, 5 %
⑤ $\frac{9}{20}$, 0.45, 45 %
⑥ $\frac{2}{5}$, 0.4, 40 %
⑦ $\frac{29}{50}$, 0.58, 58 %
⑧ $\frac{3}{20}$, 0.15, 15 %
⑨ $\frac{21}{25}$, 0.84, 84 %
⑩ $\frac{9}{100}$, 0.09, 9 %
⑪ $\frac{11}{20}$, 0.55, 55 %
⑫ $\frac{1}{5}$, 0.2, 20 %
⑬ $\frac{9}{25}$, 0.36, 36 %
⑭ $\frac{7}{100}$, 0.07, 7 %
⑮ $\frac{17}{50}$, 0.34, 34 %
⑯ $\frac{13}{25}$, 0.52, 52 %
⑰ $\frac{9}{10}$, 0.9, 90 %
⑱ $\frac{3}{4}$, 0.75, 75 %
⑲ $\frac{4}{5}$, 0.8, 80 %
⑳ $\frac{1}{50}$, 0.02, 2 %

㉑ $\frac{1}{5}$, 0.2, 20 %

㉒ $\frac{3}{4}$, 0.75, 75 %

㉓ $\frac{3}{2}\left(=1\frac{1}{2}\right)$, 1.5, 150 %

㉔ $\frac{3}{5}$, 0.6, 60 %

㉕ $\frac{6}{5}\left(=1\frac{1}{5}\right)$, 1.2, 120 %

㉖ $\frac{1}{4}$, 0.25, 25 %

㉗ $\frac{99}{100}$, 0.99, 99 %

㉘ $\frac{3}{50}$, 0.06, 6 %

㉙ $\frac{26}{25}\left(=1\frac{1}{25}\right)$, 1.04, 104 %

㉚ $\frac{23}{20}\left(=1\frac{3}{20}\right)$, 1.15, 115 %

비율의 원리 ● 계산 방법 이해

**백분율**

기준량을 100으로 할 때의 비율을 백분율이라고 합니다. 하지만 백분율의 "백"으로 인해 학생들이 백분율은 100 %를 넘지 않는다고 생각할 수 있습니다. 비교하는 양이 기준량보다 큰 비율을 백분율로 나타내는 활동을 통해 백분율은 100 %보다 높을 수 있음을 인지할 수 있도록 지도해 주세요.

## 08 막대로 백분율 알아보기 143~144쪽

① 50
② 30
③ 75
④ 60
⑤ 25
⑥ 85
⑦ 10
⑧ 50
⑨ 20
⑩ 75
⑪ 90
⑫ 40

비율의 활용 ● 적용

## 09 비율의 크기 비교하기 145~146쪽

| | | |
|---|---|---|
| ① = | ② < | ③ > |
| ④ < | ⑤ < | ⑥ > |
| ⑦ > | ⑧ = | ⑨ < |
| ⑩ = | ⑪ < | ⑫ > |
| ⑬ = | ⑭ < | ⑮ > |
| ⑯ = | ⑰ > | |
| ⑱ > | ⑲ > | ⑳ < |
| ㉑ > | ㉒ > | ㉓ < |
| ㉔ = | ㉕ < | ㉖ > |
| ㉗ < | ㉘ < | ㉙ > |
| ㉚ < | ㉛ > | ㉜ > |
| ㉝ > | ㉞ < | ㉟ < |

비율의 원리 ● 계산 원리 이해

## 10 백분율만큼 구하기 147~149쪽

① 3, 30, 300

② 8, 16, 24

③ 15, 75, 120

④ 50, 330, 990

⑤ 2 m, 20 m, 22 m

⑥ 50 m, 150 m, 250 m

⑦ 3 cm, 9 cm, 30 cm

⑧ 19 cm, 57 cm, 76 cm

⑨ 120 g, 240 g, 360 g

⑩ 45 g, 90 g, 135 g

⑪ 7 mL, 14 mL, 19 mL

⑫ 48 mL, 480 mL, 720 mL

비율의 활용 ● 적용

수능국어 실전대비 독해 학습의 완성!
**디딤돌 수능독해 Ⅰ~Ⅲ**

- 글쓴이의 작문 과정을 추론하며 생각을 읽어내는 구조 학습
- 출제자의 의도를 파악하고 예측하는 기출 속 이슈 및 특별 부록

고등 입학 전 완성하는 독해 과정 전반의 심화 학습!
**디딤돌 생각독해 Ⅰ~Ⅴ**

- 생각의 확장과 통합을 위한 '빅 아이디어(대주제)' 선정 및 수록
- 대주제 별 다양한 영역의 생각 읽기 및 생각의 구조화 학습

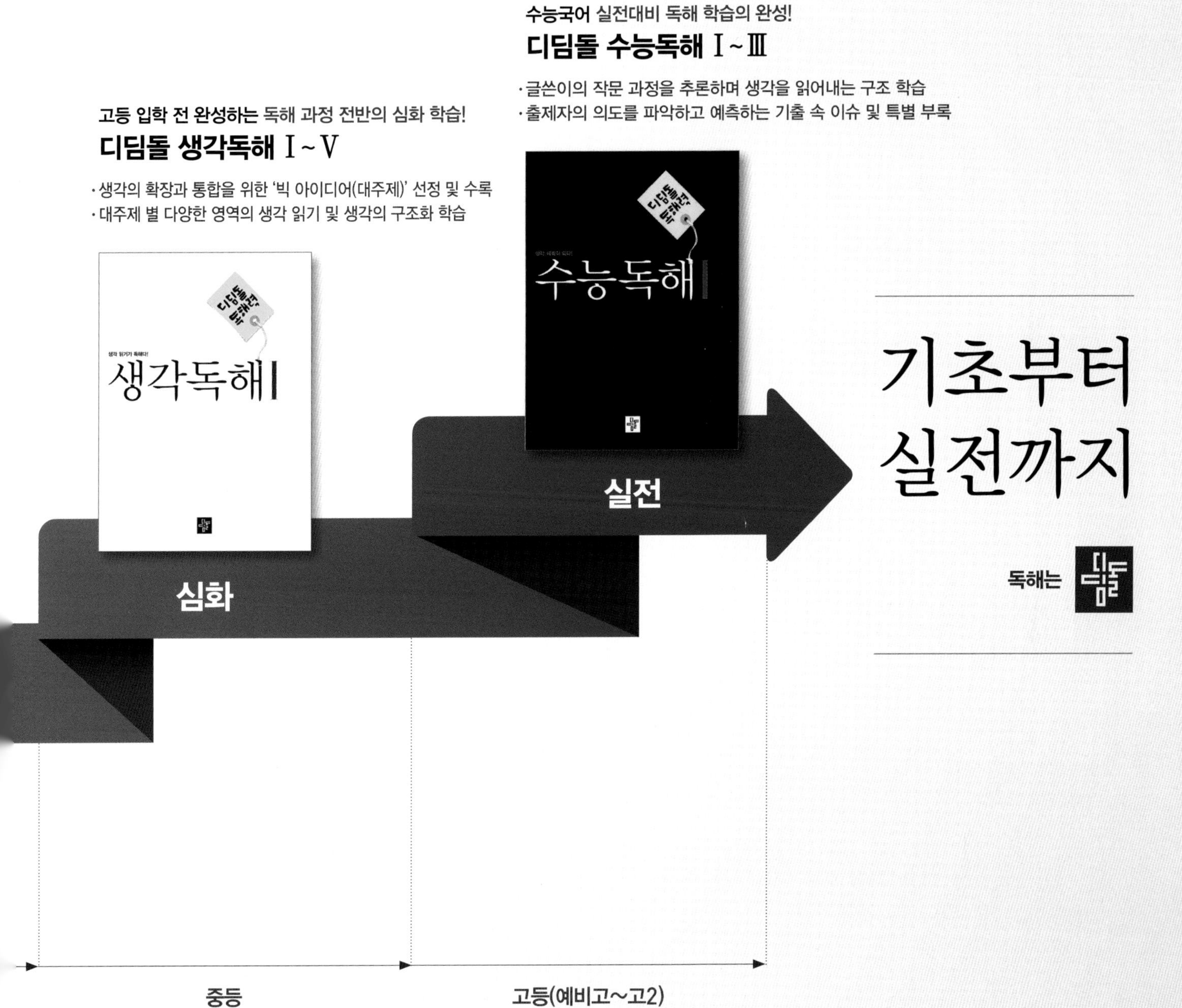


# 기초부터 실전까지

독해는 디딤돌

# 한걸음 한걸음 디딤돌을 걷다 보면 수학이 완성됩니다.

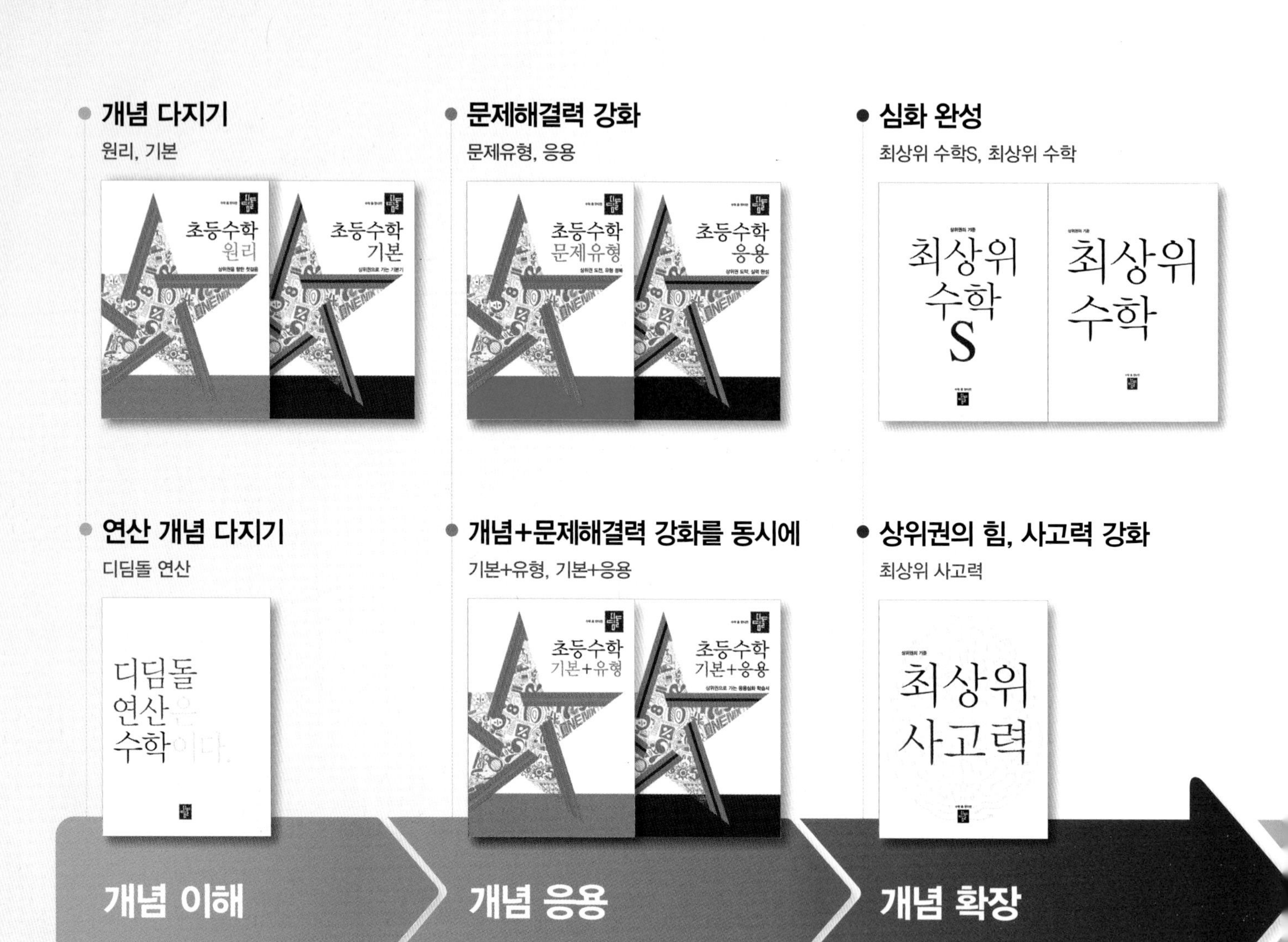


학습 능력과 목표에 따라
맞춤형이 가능한 디딤돌 초등 수학